阳光玫瑰栽培技术宝典

李政　娄玉穗　陈彦峰　主编

化学工业出版社
·北京·

内容简介

本书围绕阳光玫瑰葡萄优质高效生产，从阳光玫瑰葡萄栽培现状及生产中常见问题出发，介绍了阳光玫瑰葡萄品种特点、对环境条件要求、建园要点及设施栽培类型，进而以阳光玫瑰葡萄物候期为主线，介绍了各生长时期的树体管理、肥水管理、花果管理、病虫害防治及采后贮藏保鲜等内容，为我国阳光玫瑰葡萄优质高效栽培奠定基础，同时对广大阳光玫瑰葡萄种植者增收起到促进作用。

本书适合广大果农、农技推广人员、葡萄种植园管理及技术人员参考阅读。

图书在版编目（CIP）数据

阳光玫瑰栽培技术宝典/李政，娄玉穗，陈彦峰主编. —北京：化学工业出版社，2023.6（2023.11重印）

ISBN 978-7-122-43134-9

Ⅰ. ①阳… Ⅱ. ①李… ②娄… ③陈… Ⅲ. ①葡萄栽培 Ⅳ.①S663.1

中国国家版本馆CIP数据核字（2023）第049268号

责任编辑：李　丽　刘　军　　　　装帧设计：韩　飞

责任校对：宋　玮

出版发行：化学工业出版社

（北京市东城区青年湖南街13号　邮政编码100011）

印　　装：北京瑞禾彩色印刷有限公司

850mm×1168mm　1/32　印张4½　字数110千字

2023年11月北京第1版第2次印刷

购书咨询：010-64518888　　　　售后服务：010-64518899

网　　址：http://www.cip.com.cn

凡购买本书，如有缺损质量问题，本社销售中心负责调换。

定　　价：29.80元

编写人员名单

主　编：李　政　娄玉穗　陈彦峰

副主编：王　鹏　张晓锋　王　磊

参　编：安　冕　赵雪利　申珍平

黄　蒸　王庆东　袁　浩

张　端　张世杰　李小芳

王小丽　田玉广　张花荣

李东波　李玉龙　郭栋鑫

前　言

我国是世界上鲜食葡萄第一生产大国，葡萄种植遍布全国。据统计，截至2020年底，我国葡萄栽培总面积为73.07万公顷（1公顷=1×10^4米^2），居世界第二位，仅次于西班牙；产量达1431.4万吨，比2019年同期增加0.84%，单产平均19589.43千克/公顷，自2010年后一直位居世界葡萄产量的第一位。我国葡萄产业发展速度较快，目前葡萄为国内第四大水果，产量仅次于苹果、柑橘和梨。葡萄因其适应性广、形态美观、多汁味美、营养价值高等特点深受大众喜爱，葡萄产业也是中国农民增收、农业增效及乡村振兴的重要产业。

阳光玫瑰葡萄因其高糖、浓香、易上色、不易裂果、成熟后耐挂树、耐贮运等特点，深受消费者、种植户和果商的欢迎。据不完全统计，目前我国阳光玫瑰葡萄种植面积已达100万亩，成为继巨峰、红地球、夏黑之后的又一主栽品种。然而由于其发展过快，很多种植户没有掌握其关键栽培技术，生产出来的果品质量参差不齐，严重影响其售价。阳光玫瑰葡萄容易高产，加上其不转色的特点，生产上很容易出现产量过高、成熟期晚、叶片黄化、软果、果面不亮、果粒大小不均匀等问题，严重制约了葡萄产业的健康发展。本书是在我们多年的栽培实践的基础上，以阳光玫瑰葡萄优质高效生产为主线，从阳光玫瑰葡萄栽培现状及生产中常见问题出发，介绍了阳光玫瑰葡萄品种特点、对环境条件要求、建园要点及设施栽培类型，进而以阳光玫瑰葡萄物候期为节点，介绍了各生长时期的树体管理、肥水管理、花果管理、病虫害防治及采后贮藏保鲜等内容，为我国阳光玫瑰葡萄优质高效栽培奠定基础，同时对广大阳光玫瑰葡萄种植者增收起到一定的促进作用。

在本书的编写过程中，汲取了国内外同行专家的研究成果，参阅并引用了一些研究资料，在此我们向有关同仁及专家表示诚挚的敬意！

由于作者经验不足、水平有限，书中不妥之处在所难免，恳请广大读者批评指正。

王 鹏

2023年2月

目 录

第一章 阳光玫瑰葡萄栽培现状及生产中常见问题

第一节 阳光玫瑰葡萄栽培现状

阳光玫瑰（Shine Muscat）是日本果树试验场安芸津葡萄、柿研究部于1983年用Steuben×Muscat of Alexandria杂交后代安芸津21号为母本、白南（KattaKourgan×甲斐路）为父本通过杂交选育的优良品种。自2009年前后引入我国后，在部分地区少面积种植。2010年之后，随着阳光玫瑰葡萄栽培技术的不断成熟，品质优良的阳光玫瑰获得了较高的市场价格，随即出现了阳光玫瑰葡萄收购果商、阳光玫瑰专业疏果工、阳光玫瑰葡萄保果膨大专用配方、阳光玫瑰葡萄专用果袋等专业组织和产品，这也带动了全国各地的阳光玫瑰葡萄种植热潮，其种植面积迅速扩大，据统计，到2020年，全国阳光玫瑰种植面积达30余万亩，其中，云南栽培面积最大，面积在4万亩以上。目前，阳光玫瑰已经成为我国继巨峰、红地球、夏黑之后的又一主栽品种。全国各地由于成熟期、果实品质的不同，其价格差异较大，从每公斤几元到上百元不等（图1-1，图1-2）。

图1-1 阳光玫瑰葡萄

图1-2　阳光玫瑰葡萄

第二节　阳光玫瑰葡萄生产中常见问题

一、病毒病

阳光玫瑰葡萄在生产上经常出现病毒症状，表现出嫩叶和嫩梢畸形、生长缓慢等症状（图1-3，图1-4）。病毒病在幼苗和多年

图1-3　病毒病叶片

生植株上均会发生，树势健壮的植株病毒病表现不明显，因此，培养壮树是生产管理的关键。另外，一些栽培措施不当，如干旱、高温、负载量过大、挂树时间过长等，均会造成阳光玫瑰葡萄病毒病的发生，因此，生产上，应注意加强肥水管理，控制合适负载量，挂树时间和挂树量不可过长或过多。

图 1-4　病毒病植株

二、大小粒、僵果、有核、果穗弯曲

目前，阳光玫瑰葡萄生产上主要通过植物生长调节剂处理进行无核栽培，而当植物生长调节剂处理的浓度和时间不恰当时，容易出现大小粒（图 1-5）、僵果（图 1-6）、有核、果穗弯曲（图 1-7）等现象。应对这些现象，除了在开花前修整花序外，一定要在盛花后 1 ～ 3 天进行无核保果处理，盛花后 12 ～ 15 天进行膨大处理。

图 1-5　大小粒

图 1-6　僵果

图 1-7　果穗弯曲

三、产量过高，品质差

生产中，种植户为了获得高的经济效益，往往会通过高产来实现。然而阳光玫瑰葡萄产量过高，容易造成果实成熟期推迟、糖度增加慢、没有香气、第二年叶片黄化、树体早衰等问题。阳光玫瑰葡萄的产量与气候、土壤、栽培管理水平等因素有关。在年均温度较高、土壤良好和管理水平较高的条件下，阳光玫瑰葡萄产量可适当提高，建议亩产量控制在1500～2000千克（图1-8）。

图1-8　控产提质

四、果锈

阳光玫瑰葡萄在成熟期会出现果锈症状（图1-9，图1-10），甚至在个别园中几乎所有果穗上均会发生，这在幼龄结果的植株上表现更为明显，成为降低果实商品性的重要原因。该症表现为在果实表面形成条状或不规则状锈斑，严重时连成片，致使果实表皮形成木栓化组织，形成锈果。造成阳光玫瑰葡萄果锈形成的因素有

图1-9　阳光玫瑰葡萄果锈-1

图1-10　阳光玫瑰葡萄果锈-2

很多，如遗传、气候、机械损伤、施肥用药不当、产量负载等，因此生产商可主要通过选择深颜色果袋、科学用药、减少机械损伤、适当控产、合理施肥、适时采收等方法来降低果锈发生。

五、日灼病、气灼病

阳光玫瑰葡萄果皮较薄，很容易发生日灼病（图1-11）和气灼病（图1-12），发生时期主要为幼果膨大后期至硬核期，由于此时期果实内含物主要是水分，如果遇到太阳紫外线、强光直射或高温高湿环境，会造成葡萄表皮组织细胞膜透性增加，水分过度蒸腾，从而造成灼伤。生产中可以通过喷水降温、果园生草、采用平棚架和果穗附近叶片留副梢叶片等方法来防治。

图1-11　阳光玫瑰葡萄日灼

图1-12　阳光玫瑰葡萄气灼

六、叶片黄化

造成树体黄化（图1-13，图1-14）的因素有很多，主要有以下几种：①缺素，如缺铁；②低温冻害；③春季地温低，根系吸收的营养不能满足地上部枝叶生长的需要，造成叶片黄化；④上一年产量过高，果实采收晚，造成树体营养消耗多，积累不够，不能满足当年前期树体生长的需要，造成叶片黄化；⑤秋施基肥过晚，开沟断根后无法长出新根，第二年春季根系吸收的营养不能满足地上部枝叶生长的需要。生产中，应结合自己园区的问题，分析造成的叶片黄化现象的原因，采取相应措施进行防治。

图 1-13　阳光玫瑰葡萄叶片黄化 -1

图 1-14　阳光玫瑰葡萄叶片黄化 -2

七、果粉厚，果皮不亮

阳光玫瑰葡萄成熟期果皮光亮，果粉少。然而，生产上由于水分管理不当等因素造成果皮颜色暗淡、无光泽、果粉厚的现象（图1-15），影响其商品性。因此，生产上应加强水分供给。阳光玫瑰葡萄从坐果到成熟有110天左右时间，其果实生长期比较长，尤其是软化期以后，切不可使栽培环境过度干旱，要根据土壤湿度情况，定期灌水，以保持果实的硬度和果皮光亮。

图1-15　果粉厚、果皮颜色暗淡

第二章 阳光玫瑰葡萄的品种特点

第一节　品种介绍

中晚熟，欧美杂交种，二倍体，由日本果树试验场安芸津葡萄、柿研究部选育而成，其亲本为安芸津21号和白南。

果穗圆锥形或圆柱形，松散适度，单穗重600～800克，用植物生长调节剂处理后，最大穗重达4500克。果粒椭圆形，单粒重12～15克，果粒大小均匀一致（图2-1）。果粉少，果皮黄绿色，完熟可达到金黄色，果面有光泽，阳光下翠黄耀眼，非常漂亮。肉质脆甜爽口，有玫瑰香味，皮薄可食，无涩味。果皮与果肉不易分离，可溶性固形物含量在18%以上，最高可达29%左右，极甜而不腻。果实成熟后可挂树至霜降，不裂果，不易脱粒。鲜食品质极佳。

图2-1　阳光玫瑰

该品种生长势中庸偏旺，花芽分化好，萌芽率高，结果枝率较高。花序一般着生于结果枝第3至第4节。新梢基部叶片生长正常，枝条中等粗，成熟度良好。定植当年需加强肥水供应，使树体成形，枝条健壮，为翌年的结果奠定基础。另外，该品种适合无核化栽培。

在河南郑州地区避雨栽培条件下，阳光玫瑰葡萄萌芽期为3月底或4月初，开花期为5月上旬，果实成熟期为8月下旬。主要病害有黑痘病、炭疽病、灰霉病、白粉病、霜霉病、穗轴褐枯病等，虫害有绿盲蝽、蓟马、螨类、透翅蛾、介壳虫、棉铃虫、金龟子、橘小食蝇等。

与目前生产中主要栽培的夏黑、巨峰、红地球等品种相比，阳光玫瑰具有以下优点：

① 糖度高，香味浓，品质好。

② 果皮为绿色，成熟期不用考虑果实着色问题。

③ 不易裂果，即使在成熟期遭遇连阴雨天气，也没有其他品种裂果严重。

④ 耐贮运，不易落粒。

第二节　物候期

葡萄年生长周期的每一个阶段都与季节性气候相关联，葡萄的年生长阶段与季节性气候相对应的时期，称为物候期。物候现象可以作为环境因素影响的指标，也可以用来评价环境因素对植物影响的总体效果。因此，葡萄的物候期能够指导农业生产中的农事操作，可以为葡萄生物学观察提供一定的依据。通常我们把葡萄的物候期分为8个阶段，即伤流期、萌芽期、新梢生长期、开花坐果期、浆果生长期、果实成熟期、采收后至落叶期、休眠期。

一、伤流期

从春季树液流动到萌芽。当早春根系分布处的土壤温度达6～9摄氏度时，根系开始活动吸水，树液开始流动，葡萄枝蔓新的剪口和伤口处流出许多透明的树液，这种现象称为伤流（图2-2）。伤流开始的时间及多少与品种、土壤湿度等因素有关，土壤湿度大，树体伤流多；土壤干燥，树体伤流少或不发生伤流。整个伤流期的长短，与当年气候条件有关，一般为几天到半月不等，直到冬芽萌发，伤流随即停止。

二、萌芽期

当气温上升到10摄氏度以后，冬芽芽体膨大，撑开鳞片（图2-3），露出绒球状芽体（图2-4），然后芽体开绽，露出绿色（图2-5）。

图2-2　伤流

图2-3　冬芽芽体膨大，撑开鳞片

图2-4　绒球状芽体

图2-5　露绿

三、新梢生长期

萌芽后，新梢快速生长，展开叶片。新梢生长初期的营养供应主要来源于上年树体的养分积累，生长势的强弱也受养分积累程度的影响。在养分积累充足、芽眼饱满的情况下，新梢生长速度较快。待叶片达到一定大小和充分发育后，新梢生长才依赖叶片光合作用所制造的养分。新梢生长的同时，也伴随着花序发育，当树体营养不足或外界环境恶劣，均会造成花序原始体发育不良，甚至引起花序退化（图2-6～图2-11）。

图2-6　3、4叶期

图2-7　5、6叶期

图2-8　7、8叶期

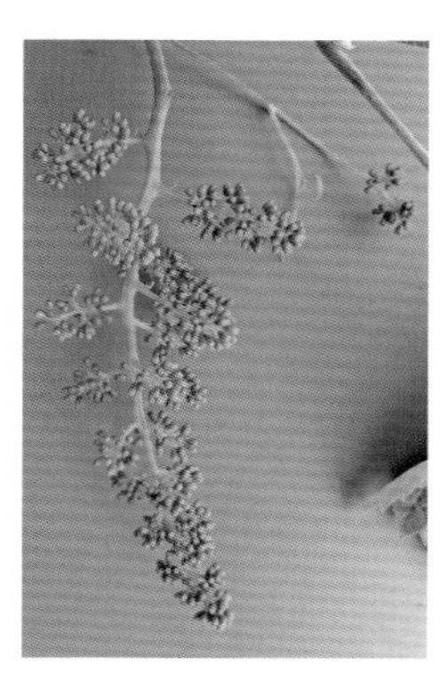

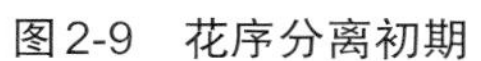

图2-9　花序分离初期　　图2-10　花序分离中期　　图2-11　花序分离末期

四、开花坐果期

葡萄萌芽后40天左右，日平均温度达到20摄氏度时，进入开花期。葡萄开花期可以分为始花期（初花期）（图2-12）、盛花期（图2-13）和落花期（末花期）（图2-14）。始花期指有5%左右的花开放；盛花期指有60%～70%的花开放；落花期指开始落花，仅剩5%左右的花尚待开放。同一个结果枝上，开花从

图2-12　始花期

图2-13　盛花期

图2-14　落花期

基部的花序开始，依次向上开放；同一个花序上，中部的花最早开放，接着是基部分枝的花开放，最后是顶端的花开放。这是决定葡萄果实产量的重要时期。花期要求的温度在15摄氏度以上，以20～25摄氏度较好，当气温27～32摄氏度时，花粉萌发率最高，低于15摄氏度花粉不萌发。花期如遇阴雨则影响授粉、受精，过分干旱也不利于花粉的萌发和受精，均可导致严重落花落果。

五、浆果生长期

从子房开始膨大至果粒开始成熟。盛花后2～3天左右出现第一次落果高峰。当幼果发育到直径3～4毫米时，常有一部分果实因营养不足停止发育而脱落，此为第二次落果高峰。果实生长到直径约5毫米后，一般不再脱落，开始进入膨大期。阳光玫瑰葡萄通过保果处理后，一般不会出现落果现象。当果实快速膨大时，也是果实对养分需求最多的时期，此时新梢的加长生长减缓而加粗生长加快，枝条不断增粗，冬芽开始旺盛的花芽分化（图2-15～图2-17）。

图2-15　坐果期

图2-16　幼果期

图2-17　硬核期

六、果实成熟期

从果实开始变软至完全成熟。葡萄成熟期开始的标志：绿色品种的果粒绿色变浅、变黄，具有弹性；红色品种开始着色，果肉变软（图2-18、图2-19）。此时期，果实的含糖量急剧上升，可滴定酸及可溶单宁含量不断下降，种子由绿色变为棕褐色，种皮变硬，最后表现出品种特有的色泽和风味（图2-20）。浆果成熟期的长短因品种而异，一般为20 ～ 30天或30天以上。在浆果成熟期，新梢生长缓慢，枝条成熟加快，枝梢从基部向上逐渐木质化，皮色由绿色转变为黄褐色，花芽分化主要在新梢的中上部进行。

图2-18　果实开始变软

图2-19　果实颜色变浅

图2-20　果实成熟

七、采收后至落叶期

这一时期的叶片仍能继续进行光合作用，光合产物转移到根、枝蔓内积累，植株组织内淀粉含量增加，水分减少，细胞液浓度升高，新梢组织由下而上逐渐充实并木质化（图2-21）。随着气温下降，叶柄基部形成离层，叶片变黄脱落（图2-22）。新梢老熟开始因品种和栽培措施而异，多数品种与浆果开始成熟同步或稍晚。另外，生产上早施钾肥会促使新梢木质化提前。在枝蔓老熟初期，多数新梢和副梢的加长生长停止，花芽分化也不再进行，而此时根系进入全年的第二次生长高峰。

图2-21　葡萄刚采收后的叶片情况

图2-22　新梢基部叶片变黄脱落

八、休眠期

从落叶到次年伤流开始前。随着温度的降低，根系停止活动，树体进入自然休眠状态（图2-23）。葡萄要经过一段时间的低温期，次年才能正常萌发。葡萄休眠分为自然休眠（也叫生理休眠）和被迫休眠两个阶段。通常我们把落叶作为自然休眠开始的标志，休眠期到次年伤流期前结束；被迫休眠是自然休眠之后的一段时间。葡萄进入休眠后，一般需要在低于7.2摄氏度的低温下待上一定时间才能够打破休眠，开始萌芽生长，这段时间有效低温的累计时数叫做低温需冷量。如果低温需冷量达不到要求，树体即进入被迫休眠阶段，直到温度适宜，植株才开始萌芽生长。

图2-23　落叶结束，树体即将进入休眠

第三节　阳光玫瑰葡萄对环境条件的要求

阳光玫瑰是一个适应性强的葡萄品种，但只有在最适宜的地域才能生长发育良好，方可获得优质高产。在自然条件中影响阳光玫瑰葡萄生长发育的主要因素是气候和土壤条件，因此，合理而有效地利用农业大气候、小气候、微域气候和良好的土壤，对阳光玫瑰葡萄产业的发展有着重要的意义。

一、温度

生长季最适宜的温度为20～25摄氏度，开花期最适宜气温为25～30摄氏度，成熟期要求温度28～32摄氏度。适当的高温和较大的温差有利于酒石酸等物质的分解，有利于糖分及芳香物质的形成和积累，并能充分发挥该品种固有的品质特征。整体上讲，适当的高温和较大的温差有利于促进花芽形成、开花、坐果和果实成熟。

二、光照

阳光玫瑰葡萄喜光，在充足的光照条件下，植株生长健壮结实，花芽形成和分化良好，开花结果正常；反之，则会造成节间细长、花序瘦弱或退化、落花落果、叶片黄化等一系列不良后果。

另外，阳光玫瑰葡萄具有生长量大、多次萌芽分枝的特点，容易造成架面郁闭，内部通风通光不良，叶片常会出现光照不足的症状。生产上除了充分利用自然光照因素外，还要正确采用栽培技术，改善植株和内层叶片的光照条件。

三、水分

阳光玫瑰葡萄需水量较多，在生长期内，从萌芽到开花需要充足的水分，开花期需水量减少，坐果后至果实膨大期要求大量的水分，成熟期对水分的需求又渐少。因此，我们要根据物候期的需要，合理调控水分供应。

干旱缺水时，树体为降低体内的水分流失，关闭气孔，从而影响蒸腾和光合作用，在不同的时期会相应地出现各种症状，如新梢生长缓慢或停止生长、叶片萎蔫、花序发育不良、果实停止生长等。

根系吸收水分过多，生长迅速，细胞大，组织嫩，抗性降低。开花期遇雨或灌溉，会影响授粉受精，引起落花落果。成熟期水分过多，果实含水量增高，不利于增糖，严重时会引起裂果。另外，土壤长期含水量过高，则会通气不良，还会发生烂根。

四、土壤

阳光玫瑰葡萄根系发达，对土壤的适应性广，几乎可以在各种类型的土壤中生长。

最适宜阳光玫瑰葡萄生长的土壤是土质疏松、孔隙度适中、容重较小的砂壤土或轻壤土。这类土壤通气、排水及保水保肥性良好，有利于根系生长。过于黏重的土壤因透气性差，易积水，干旱时又易板结，对根系生长和养分吸收都极为不利。

阳光玫瑰葡萄根系的分布受土层的深浅、含水量多少、地下水位高低的影响。土层厚度在1米以上，质地良好，根系分布必深且广，枝蔓生长健壮，抗逆性强。葡萄根系在通透性强、水分适度、含氧量高的土壤环境中，生长良好。地下水位不高于0.8米较好。根系的生长还受土壤酸碱度的影响，最为适宜的pH值为6.5～7.5。

五、二氧化碳

二氧化碳是光合作用必需的原料，二氧化碳浓度对植物光合作用的影响受光照、温度、湿度、营养状况等环境条件的制约。在环境条件适宜、二氧化碳浓度达到饱和点之前，随着二氧化碳浓度的增加，光合速率也逐渐增加。在密闭的设施栽培条件下，经常出现二氧化碳饥饿现象，此时应进行二氧化碳施肥。

第三章 阳光玫瑰葡萄建园

第一节　园地选择

阳光玫瑰葡萄园的选址与其他品种葡萄园的选址相同，应考虑产地环境、土壤、气候、生产目的、栽培模式、前茬作物等因素。

一、产地环境

阳光玫瑰葡萄园的环境条件会影响果品的质量，因此，建园选址时要进行环境质量检测。

二、土壤条件

阳光玫瑰葡萄对土壤的适应性较强，但在中性、透气性良好的砂壤土中生长更好。绿色阳光玫瑰葡萄的土壤质量和肥力应符合“绿色食品　产地环境质量　NY/T 391—2013”的要求。对于盐碱土、过酸土、过碱土、重黏土等土壤，建议进行土壤改良后再种植。

三、气候条件

阳光玫瑰葡萄对气候适应性强，在我国从南到北均可以种植。根据当地的年均降水量、极端低温、极端高温、最低温月份的平均温度、最高温月份的平均温度和一年内大于10摄氏度的积温等因素决定采取相应的栽培模式。阳光玫瑰葡萄露地栽培区的活动积温（大于10摄氏度）应大于3000摄氏度。另外，年降水量500毫米以上的地区建议采用避雨栽培。

四、生产目的

生产目的即果品用途，若用于采摘，应建在城市近郊，方便周末和节假日观光采摘；若用于批发，可以选择靠近批发市场或者方便找劳动力的地方。

五、前茬作物

调查前茬作物是否与葡萄有重茬或者忌避问题。如果前期种植葡萄等果树，容易产生重茬障碍或者毒害，最好先进行土壤消毒和改良。如果前期种植甘薯、花生、番茄、黄瓜等容易感染根结线虫的作物，也应该进行土壤消毒和改良。

总之，阳光玫瑰葡萄园最佳选址需满足以下条件：①光照条件好，无长期涝害，田间水电设施完备，排涝良好，土壤肥沃的地块。②生态条件良好，远离污染源，具有可持续生产能力的生产区域，该地域的大气、土壤、灌溉水经检测符合国家标准。③在城镇的远郊，远离交通要道，如铁路、高速公路、车站、机场、码头及工业“三废”排放点和间接污染源、上风口和上游被污染严重的江河湖泊等。④园区应距离公路50～100米以外，以保证鲜食葡萄生产的每一个环节不被污染。

第二节　园地规划设计

阳光玫瑰葡萄园区规划首先要对园区的地形、地势、土壤肥力及水利条件等基本情况做一全面调查，再进行电及水源位置、田间区划、道路系统、排灌水系统、配套设施、葡萄株行距的规划。

一、电及水源位置

生产过程中，灌水、打药离不开电源，因此，电源建设应满足生产需要。水源包括河水和井水，其水质应符合环境质量标准。另外，电动化管理程度高的园区，需独立建设小型发电站，防止突发情况（图3-1 ～图3-4）。

图3-1　过滤池

图3-2　泵房机组

图3-3　水源

图3-4　发电机

二、田间区划

田间区划要根据地块形状、现有道路及水利设施等条件对作业区面积的大小、道路、排灌水系统、防风林进行统筹安排。作业区面积大小要因地制宜，平地以每个作业小区长100米、宽50米为宜，4～6个小区为1个大区，小区以长方形为宜，长边与葡萄行向垂直，以便于田间作业。山地则根据实际地形，结合浇水及施肥的均匀原则、人工机械操作的便利性原则，合理规划小区（图3-5）。

三、道路系统

葡萄园规划要求田间道路完备且布局合理，便于作业和运输。道路在利用现有道的基础上进行规划。

根据基地果园总面积的大小和地形、地势决定道路等级。在百公顷以上的大型葡萄园，由主道、支道和田间作业道三级组成。主道设在葡萄园的中心，与园外公路相连接，贯穿园区内各大区和主要管理场所，并与各支道相通，组成交通运输网。主道宽度

图3-5　河南中远葡萄研究所园区鸟瞰图

主要考虑方便果品车辆运输，一般宽度为4 ～ 8米。山地的主道可环山呈“之”字形建设，上升的坡度要小于7° 为宜。支道设在小区的边界，一般与主道垂直连接，宽度为3 ～ 4米，以方便机械在行间转弯作业。田间作业道是临时性道路，多设在葡萄定植行间的空地，一般与支道垂直连接，宽度为2 ～ 3米，便于小型拖拉机作业和人员运输物资、行走（图3-6 ～图3-9）。

图3-6　主道

图3-7　支道

图 3-8　日光温室田间作业道

图 3-9　连栋大棚田间作业道

四、灌溉、排水系统

（一）灌溉系统

阳光玫瑰种植对肥水供应要求很高，建议采用滴灌或微喷灌等节水型灌溉方式，滴灌的安装及技术参数如下：

整套滴灌设备由机井、压力罐、过滤系统、主管道PE管（根据园区面积）、单元小区主管道PVC管（直径D110毫米×3.2毫米厚）、主管带（直径63毫米）、支管（直径18毫米）、三通、接头等组成。根据立地条件，一般定植为南北行，长度控制在30～50米，东西向不限。于地头东西向埋好PVC管，深度以50厘米左右为宜。

约50米往地面接出一个管头，安装阀门，连接主管带。将主管带东西向铺开，根据行距安装支管，并在支管上于根颈两边各50厘米处安装滴头。最后将PE管连接压力罐即可（图3-10、图3-11）。

图3-10　压力罐

图3-11　主管道铺设

另外，最好在主管上留出分别用于漫灌和滴灌使用的出水口，条件允许的话，最好增加喷灌或吊喷系统（图3-12～图3-13）。

（二）排水系统

阳光玫瑰葡萄一般在灌水或降水过多的情况下不易裂果，但是长时间的积水会影响根系生长发育，同时对营养元素吸收变得困难，严重时根系腐烂、死亡。另外，田间水分过多也会造成植株过旺生长，抑制花芽分化，使其不能顺利进行。因此，生产上应做到及时排水（图3-14）。

图3-12　滴灌和漫灌两用出水口

图3-13　滴灌和喷灌两用系统

图3-14　园区积水

根据立地条件，在小区的作业道一侧应设排水支渠，与主干路的排水沟相连，主干路的排水沟同时与园外的总排水干渠相连接。排水沟以暗沟为好，以方便田间作业（图3-15、图3-16）。

图3-15　排水天沟

图3-16　园区排水支渠

五、葡萄树的行向

葡萄的行向与地形、地势、光照和架式等有密切关系。一般地势较平的葡萄园，行向为南北向。山地葡萄园的行向，应与坡地的等高线方向一致，顺势设架，以便于田间作业（图3-17、图3-18）。

图3-17　南北行向连栋大棚栽培

图3-18　南北行向简易避雨栽培

六、配套设施

葡萄园根据需求可以设置办公室、农资库、农机库、作业室、冷库、水泵房、职工宿舍等。

第三节　土壤准备

一、平整土地

全园的土壤应进行平整，平高垫低，在山坡地要测出等高线，按等高线修筑梯田，以利于葡萄的定植和搭建葡萄架，更有利于灌水、排水、水土保持和机械作业等（图3-19）。

二、土壤改良及整理定植带

土壤是阳光玫瑰葡萄树体生存的基础，葡萄园土壤的理化性质和肥力水平等因素影响着葡萄的生长发育及果实的产量和品质。土壤瘠薄、漏肥漏水严重、有机质含量低、土壤盐碱或酸化、养分供应能力低等是我国葡萄稳产、优质栽培的主要障碍，仅依靠化学肥料无法完美地进行葡萄种植，因化学肥料施肥之后到葡萄吸收，整体效果受土壤种类、水分的多少以及地温的高低影响很大，如果将化学肥料比喻成现金的话，有机质肥料就是存款。换个角度说，存款越多越富裕。因此，改良和培肥土壤是我国葡萄园稳产、优质栽培的前提和基础（图3-20）。

图3-19　土地清理及平整

图3-20　准备有机肥

根据立地条件，在畦中间挖1.2 ～ 1.5米宽，0.3 ～ 0.4米深的定植沟，每亩施有机质（腐熟牛粪、羊粪等家畜粪便和菌渣、秸秆、谷壳等有机物料）5 ～ 10吨，并结合实际土壤性质采用相对应的改良措施后，与土混匀回填至定植沟，地上起垄20厘米，然后灌水沉实，保证有效土层0.5米以上（图3-21 ～图3-23）。

定植带位置推荐：

连栋大棚内采用“T”字形或“H”字形树形整枝时，定植沟可以设在主立柱中间或者靠近主立柱0.5米的位置。日光温室“厂”字形树形的定植沟建议设在温室南侧或北侧1.5米处。这样设施内空间大，更利于机械化操作（图3-24 ～图3-27）。

图3-21　翻土搅拌

图3-22　挖定植沟

图 3-23　定植带

图 3-24　定植带位于主立柱中间

图3-25　定植带位于主立柱旁0.5米的位置

图3-26　定植带位于日光温室南侧

图3-27　定植带位于日光温室北侧

第四节　阳光玫瑰葡萄设施栽培

设施栽培就是将葡萄种植在一定的设施内，通过改变环境条件，以达到避雨、促早、延后等生产目的的栽培方式。生产中，为了获得更高的经济效益，可以通过两种栽培策略来实现，一是提高葡萄的质量。质量好的葡萄消费者愿意买，因此单价也就会变高。二是追求稀少价值。通过早栽培或者是晚栽培等方式生产出别人在同一时间不能生产的葡萄，例如，云南早熟阳光玫瑰、山东晚熟阳光玫瑰均价格很高。

另外，不同栽培策略在栽培技术的层面上也有难易度的差异，越早成熟的越难种植，一年两收更不容易。所以应先综合考虑技术层面的能力、劳动力的条件以及同市场的关系，再决定选择哪些栽培模式进行组合。

下面我们介绍一下常见的葡萄设施栽培类型：简易避雨栽培、连栋大棚避雨栽培、连栋大棚促早栽培和日光温室促早栽培。

一、简易避雨栽培

（一）简易避雨棚的搭建

简易避雨棚主要由立柱、横梁、钢丝、弧形镀锌钢管或竹片、棚膜等组成，如图3-28所示。

图3-28 简易避雨棚

立柱可以用钢管（直径4～5厘米）或水泥桩（10厘米×10厘米或10厘米×8厘米），长3米，垂直行距方向（东西向）每3米竖立1根，沿行距方向（南北向）每4米竖立1根，下端埋入土中0.6米，高出地面2.4米。可以通过调节立柱埋入土中的深度来使柱顶高低保持一致，从而使避雨棚高低一致。在立柱距地面1.4米处打孔，南北方向拉第一道10号（直径3毫米）热镀锌钢丝（或铝包钢丝），固定主蔓。距地面1.7米处设横梁，横梁采用钢管（或三角铁），横梁长1.5米，以横梁的中点向两边每隔35厘米处打孔，共打4孔，拉4道12号（直径2.5毫米）钢丝。然后用热镀锌丝（或铁丝）将每根立柱上横梁与钢丝缠绕固定即可。立柱顶端向下

3厘米处打孔，南北拉顶丝，并将顶丝固定在每根立柱顶端。立柱顶端向下40厘米处两端东西向使用3.3厘米钢管连通，中间使用10号钢丝（直径3毫米）连通，固定避雨棚两侧边丝。钢丝与钢管交叉处均用热镀锌丝连接。这样可将每个小区连为一体，有效地提高避雨棚骨架的抗风能力。从立柱向横梁两边各量取1.1米打孔，然后南北向拉避雨棚的边丝，边丝与相交的每根横梁用镀锌丝固定。拱片可用弧形镀锌钢管、毛竹片、压制成形的镀塑铁管、铝包钢、纤维杆等材料。拱片长2.5米，中心点固定在中间顶丝上，两边固定在边丝上，每隔0.6 ～ 0.8米1片。

一般于萌芽前即可覆盖避雨棚膜，早覆膜可以起到一定的保温作用，也不会碰掉即将萌发或已经萌发的幼芽。棚膜宜选用透光性好的无滴膜，最好一年一换，采果后便可揭去棚膜。棚膜宽度根据避雨棚拱长度而定，一般选用厚0.04 ～ 0.06毫米（4 ～ 6丝）的PVC无滴膜或PO膜等（图3-29）。

图3-29　早春覆膜

（二）葡萄架式和株行距

简易避雨栽培条件下的阳光玫瑰葡萄建议采用单干高宽平架式进行栽培，建议株距2.0～4.0米，行距2.8～3.0米，起垄栽培。之后，可根据树势，适当间伐植株，加大株距（图3-30、图3-31）。

单干高宽平架式特点如下。

（1）葡萄架面较高（1.7米左右） 离地面远，减轻病虫害的发生，同时便于机械化操作。

（2）叶幕基本水平 可充分利用光能。

（3）新梢在架面上水平生长 减弱生长势，有利于花芽分化。

（4）主蔓比架面低20厘米 方便新梢顺势绑蔓，同时叶片遮挡光照，可减轻日灼发生（图3-32～图3-34）。

图3-30 2.0米株距

图3-31　4.0米株距

图3-32　叶幕基本水平，叶片遮挡光照

图3-33　主蔓比架面低20厘米，方便绑蔓

图3-34　葡萄架面较高

二、连栋大棚栽培

（一）建棚

阳光玫瑰葡萄连栋大棚采用钢架结构，一般棚宽6.0米，肩高3.0米，顶高5.0米。因北方冬季不揭去棚膜，降雪可能会导致压塌大棚，一定要注意建棚质量，切勿偷工减料。棚长根据立地条件可调，以30～50米为宜，便于通风（图3-35～图3-39）。

（二）架式选择

连栋大棚栽培可采用“T”字形或“H”字形棚架，“T”字形棚架建议株行距采用（2.8～3.0）米×6米，南北行向，主蔓向东西两侧生长，“H”字形棚架建议株行距采用（3.0～4.0）米×6米，南北行向。主蔓高度1.7米左右，棚架高度比主蔓高20厘米，为1.9米左右，以便顺势绑缚结果枝（图3-40～图3-42）。

图3-35　连栋大棚避雨栽培

图3-36　连栋大棚促早栽培

图3-37　高标准建设的连栋大棚

图3-38　横梁被压塌

图3-39　立柱过细，被压弯

图3-40 “T”字形（2.8米株距、6米行距）

图3-41 “T”字形（2.8米株距、6米行距）

图3-42 “H”字形（4米株距、6米行距）

三、日光温室栽培

日光温室是以太阳能为主要能源，由保温蓄热墙体、北向保温屋面和南向采光屋面构成，采用塑料薄膜作为透光材料，并安装有活动保温被的单坡面温室（图3-43）。

图3-43 日光温室

架式选择：日光栽培可采用“T”字形、“H”字形或“厂”字形棚架，“T”字形棚架建议株行距采用（2.8～3.0）米×（4～6）米，东西行向，主蔓向南北两侧生长，“H”字形棚架建议株行距采用（3～4）米×（4～6）米，东西行向。“厂”字形棚架建议株距2.8～3米，主蔓高度1.7米左右，棚架高度比主蔓高20厘米，为1.9米左右，以便顺势绑缚结果枝（图3-44、图3-45）。

图3-44 “厂”字形（2.8米株距）

图3-45 “厂”字形棚架挂果场景

第四章
苗木定植及树形培养

第一节　苗木定植

一、苗木选择

阳光玫瑰葡萄苗木有自根苗和嫁接苗。在自然环境、土壤等条件均满足葡萄正常生长的前提下，可以使用阳光玫瑰自根苗，果实品质相对较好。选择嫁接苗时，需要嫁接口以上2厘米处径粗不少于0.6厘米，有3～4个饱满芽，根系发达，无病虫害。目前市场上主要是以贝达、夏黑、3309M、5BB等为砧木的嫁接苗及自根苗，每种苗都有优缺点，建议种植户结合本地区气候条件和土壤条件进行选苗（图4-1）。对于多湿地区，宜使用SO4砧嫁接苗；对于埋土防寒区，宜使用贝达、抗砧3号嫁接苗；对于砂壤土，5BB、贝达、抗砧3号、夏黑嫁接苗及自根苗均可使用；对于黏土地，可以使用5BB、抗砧3号的嫁接苗，但盐碱黏土地慎用贝达砧嫁接苗；对于根瘤蚜、线虫等虫害较严重的地区，建议使用3309、5BB、抗砧3号和SO4砧嫁接苗。

二、定植时间

阳光玫瑰葡萄可以在春、秋两季定植。春季，日均气温达到10摄氏度左右时进行定植，即土壤解冻后，越早越好，最晚不要

图4-1　根系发达的小苗

超过发芽期，黄河故道地区一般在2月底至3月定植。秋季定植通常在11～12月份进行，即苗木停止生长后，定植后应将枝干埋入土中，防止冬季受冻或枝条抽干。冬季较冷、且易受冻害的地区，不宜进行秋季定植。

三、苗木处理

苗木根系采用50%辛硫磷600倍液消毒，枝条采用3～5波美度石硫合剂处理，晾干后定植（图4-2）。

图4-2　葡萄苗根部消毒

四、栽植

栽植前苗木保留2～3个有效芽。按照深挖浅种的原则，将苗木扶直，根系理顺后展平、均匀摆在穴内，使嫁接苗的嫁接口离畦面5厘米以上，覆土踏实并浇透定根水，绑缚立杆，牵引枝条生长（图4-3、图4-4）。注意不要将苗直接种在肥土上，防治烧根。

图4-3　定植时留2 ~ 3个有效芽，根系均匀摆放

图4-4　覆黑色地膜，防草、保湿

第二节　树形培养

一、“T”字形

“T”字形适合简易避雨栽培、单栋大棚栽培和连栋大棚栽培。

（一）培养主干

萌芽后选留两个长势良好的新梢，其余抹除（图4-5）。当新梢长至10厘米时，用竹竿支撑长势较旺的一个新梢作为主干绑缚使其垂直地面生长，同时对另一个新梢摘心抑制其生长（图4-6）。主干上的副梢均留2～3叶摘心。当新梢长至架面时，在架下20厘米左右处摘心（图4-7），保留摘心下面的2个副梢上架沿主蔓方向生长，简易避雨栽培的主蔓方向与树行方向一致（图4-8），单栋大棚栽培和连栋大棚栽培的主蔓方向与树行方向垂直（图4-9），当相邻两株的主蔓交汇时，对两个主蔓同时摘心。

图4-5　选留1个壮梢

图4-6　绑缚主干，牵引生长

图4-7　架面下开始摘心

图4-8　绑缚两主蔓（主蔓方向与树行方向一致）

图4-9　主蔓方向与树行方向垂直

（二）主蔓副梢管理

保留所有主蔓上的副梢，待其长至4片叶后摘心，以后延长副梢留2叶、1叶反复摘心至落叶，培养副梢作为第二年的结果母枝（图4-10～图4-13）。

图4-10　主蔓副梢摘心

图4-11　副梢摘心

图4-12　主蔓成型-1

图4-13　主蔓成型-2

冬季修剪时保留主蔓上副梢基部粗度大于6毫米的所有副梢留1芽或2芽进行超短梢修剪（图4-14），主蔓上过细的副梢均从基部疏除（图4-15）。

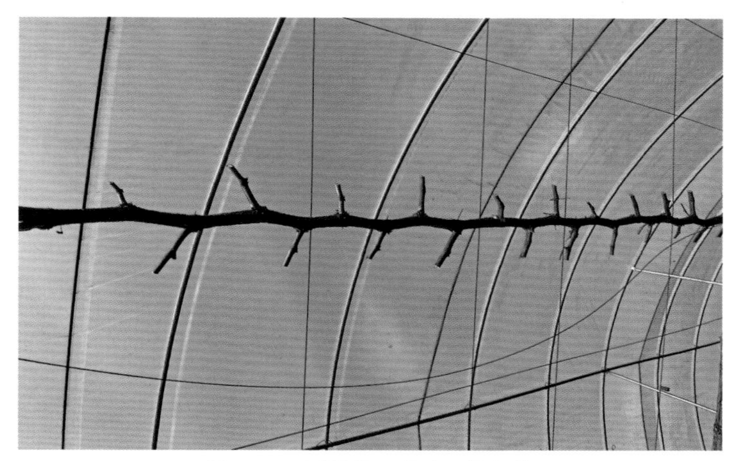

图4-14　副梢留1芽或2芽冬剪

图4-15　副梢从基部疏除

二、“H”字形

“H”字形适合单栋大棚栽培和连栋大棚栽培。

（一）培养主干

萌芽后，选留一个生长健壮的新梢作为主干培养，使其向上生长，其余新梢留2片叶摘心，作为预备枝和营养枝。作为主干培养的新梢上发出的副梢留1片叶摘心，待主干新梢长到主蔓钢丝处时进行摘心，摘心处下面两个副梢不摘心，作为主蔓上架沿钢丝分别向两侧生长。

（二）主蔓培养

主蔓上架后，保留主蔓上的所有副梢，留1片叶摘心，促进主蔓向前生长，待主蔓长到1.5米左右，到达侧蔓钢丝处时，对主蔓进行摘心，主蔓摘心处后面的两个副梢不摘心，作为侧蔓，沿侧蔓钢丝分别向两侧生长（图4-16、图4-17）。

图4-16　主蔓培养

图4-17　侧蔓上架

（三）侧蔓培养

保留侧蔓上的所有副梢，待侧蔓副梢长至4片叶时摘心，促进侧蔓向前生长，同时使营养集中积累到侧蔓副梢第1到第2节位冬芽上，促使冬芽花芽分化，培养第二年的结果母枝。以后延长副梢留2叶、1叶反复摘心至落叶，培养副梢作为第二年的结果母枝（图4-18）。

冬季修剪时保留侧蔓副梢基部粗度大于6毫米的所有副梢，留1～2芽进行超短梢修剪，侧蔓上过细的副梢均从基部疏除（图4-19）。生长旺盛苗当年形成“H”字形，生长缓慢或生长势弱的苗可第一年培养成“T”字形，第二年培养成“H”字形。

三、“厂”字形

“厂”字形棚架适合简易避雨栽培、单栋大棚栽培和日光温室栽培。

图4-18　侧蔓培养

图4-19　“H”字形留1~2芽冬剪

（一）培养主干（主蔓）

萌芽后，选留一个生长健壮的新梢作为主干培养向上延伸生长，其余新梢留2片叶摘心，作为预备枝和营养枝，主干上的副梢留1～2片叶摘心。当主干新梢长至架面时，沿主蔓钢丝向一侧水平牵引生长，形成主蔓（图4-20）。

图4-20 “厂”字形主蔓及副梢培养

（二）主蔓副梢管理

当主蔓副梢长至4叶后摘心，以后延长副梢留2 叶、1 叶反复摘心至落叶，培养副梢作为第二年的结果母枝。

冬季修剪时保留主蔓副梢基部粗度大于6毫米的所有副梢，留1芽或2芽进行超短梢修剪，侧蔓上过细的副梢均从基部疏除（图4-21）。

图4-21 “厂”字形冬季修剪

第三节　土肥水管理

阳光玫瑰喜欢水肥充足，但要禁止水淹、水泡，水淹、水泡严重时会导致植株死亡。4～8月是阳光玫瑰葡萄苗木生长和树形培养的关键时期，也是需水的关键时期。8月及之前，需要经常灌水，保持土壤湿度在70%以上，促进苗木快速生长；8月之后，适当控水，保持土壤湿度在60%～70%，促进枝条成熟。灌溉方式最好采用滴灌或喷灌（图4-22）。

在施肥管理上，前期需要加强根系养护，以促根、生根、壮根为主，发芽后先用含有腐殖酸、海藻酸或菌类生根产品进行灌根。待小苗长出卷须（缓苗成功，发出新根），这个时候就少量多次使用尿素或其他高氮肥，按照每亩2～5千克（逐次增加亩用量）的量每10天左右施一次，进入7月份后，可根据树势调节水

图4-22　喷灌

肥量，枝条节间过长需适当控水，改施平衡肥或磷钾肥，每次每亩5千克左右，10天左右一次。生长期可配合打药添加叶面肥，补充矿物元素。

第四节　病虫害管理

阳光玫瑰葡萄苗期经常发生的病虫害种类有霜霉病、黑痘病、绿盲蝽、蚜虫、病毒病等（表4-1）。

表4-1　阳光玫瑰苗期常见病虫害及防治

病虫害	防治方法	防治时期
霜霉病（图4-23、图4-24）	80%代森锰锌可湿性粉剂800倍液、86%波尔多液水分散粒剂400～450倍液、66.8%霉多克600倍液、50%烯酰吗啉3000倍液、68.75%氟菌·霜霉威1000倍液、25%精甲霜灵可湿性粉剂、25%吡唑醚菌酯等	生长中后期，即6月中旬以后

续表

病虫害	防治方法	防治时期
黑痘病（图4-25、图4-26）	保护性杀菌剂：波尔多液、代森锰锌、王铜等；内吸性杀菌剂： 20%苯醚甲环唑3000倍液、12.5%烯唑醇2500倍液、43%戊唑醇6000倍液、40%氟硅唑乳油6000～8000倍液等	生长前期及中期
病毒病（图4-27、图4-28）	使用脱毒苗、加强肥水管理等。	春季生长前期
绿盲蝽（图4-29、图4-30）	22%氟啶虫胺腈3000倍液、50%噻虫嗪3000～4000倍液、30%敌百·啶虫脒500倍液、吡虫啉、溴氰菊酯、高效氯氰菊酯等	绒球期至6月初

图4-23　霜霉病叶片正面症状-1

图4-24　霜霉病叶片正面症状-2

图4-25　黑痘病危害嫩梢

图4-26　黑痘病危害叶片

图4-27　病毒病-1

图4-28　病毒病-2

图4-29　绿盲蝽危害枝梢

图4-30　绿盲蝽危害叶片

第五章
阳光玫瑰葡萄设施栽培周年管理

第一节　萌芽前管理

“良好的计划是成功的一半”，为了保证葡萄生产顺利进行，必须预先把前期的基础工作做好。

一、基础设施的修整

（一）生产配套设备检修和更换

生产配套设备检修和更换见图5-1、图5-2。

图5-1　发电机检修

图5-2　水泵检修

（二）设施骨架检修

检修大棚或避雨棚骨架，对立柱、钢丝等进行更换、固定和拉紧（图5-3）。

图5-3　设施骨架检修

（三）棚膜检修

设施促早栽培前期最重要的是加温和保温，我们必须要保证大棚的密闭性。如果密闭性不好，冬季从空隙中穿过的寒风会带走棚内的热量，就会对我们的生产造成很大的影响，轻者发芽推迟或发芽不整齐，重者造成严重冻害。

需要特别注意的几个位置：大棚侧面塑料薄膜同地面接触的位置（图5-4）、换气窗的位置（图5-5）、塑料大棚的塑料材料的接缝处（图5-6）。

图5-4　大棚侧面塑料薄膜同地面接触的位置

图5-5　换气窗的位置

图 5-6　塑料大棚的塑料材料的接缝处

二、彻底清园

清除园区的设施垃圾、生活垃圾以及枯枝烂叶，保证干净卫生的园区环境，减少病虫害基数（图5-7、图5-8）。

三、绑缚主蔓

将主蔓水平绑缚在钢丝上（图5-9），尽可能降低顶端优势，促进发芽整齐。采用大行距“T”字形和“厂”字形的葡萄植株，

图 5-7　清理园区垃圾

图5-8　清理园区垃圾

图5-9　主蔓水平绑缚

由于主蔓长度较长和顶端优势的问题，主蔓两端的芽萌发早，靠近主干侧的芽会出现萌发不整齐或不萌发的现象，从而造成架面空缺。因此，萌芽前可以采取降低主蔓前部位置的措施，促使顶端优势转移到主蔓后部位置较高的芽上（图5-10）。待此处冬芽萌发后，分批次将主蔓绑缚到钢丝上，切记不要将萌发的芽碰掉，从而保证萌芽整齐。

图5-10　主蔓前端自然下垂转移顶端优势

四、破眠剂的使用

设施促早栽培能够发芽早且均匀是很重要的，这也被认为是其后生长发育的决定性因素。让葡萄结束休眠的药物有很多，目前市场上常见的破眠剂有荣芽（50%单氰胺）、石灰氮等。破眠剂使用50%单氰胺兑水25～30倍液，石灰氮浓度以14%为宜。促早栽培在覆膜后就可进行，避雨栽培或露地破眠剂处理的时间应于萌芽前30天左右为宜，若使用过早，易受倒春寒和冻害的危害，过晚则效果不明显。

破眠处理方法采用小刷子或毛笔将药液涂抹在结果母枝的冬芽上，顶端1个或2个芽不涂抹。涂抹前后及时灌水，增加湿度，促进药效的发挥，也可先用水喷湿葡萄树枝干，再进行破眠处理。

※小提示　使用破眠剂前后3天要严禁饮酒，涂抹或喷洒过程中要戴上口罩和手套，不要让药剂滴到皮肤上。

五、温度管理

设施促早栽培管理中最需要重视的是不让低温和高温危害树体。为此，我们需要清楚地了解葡萄的低温抵抗性和高温抵抗性。

休眠期是葡萄对温度适应性最强的时期，该时期可以适应5小时48摄氏度的高温，还可以适应16小时零下9摄氏度的低温。发芽期的时候则只能适应40摄氏度的高温5小时，零下3摄氏度的低温1小时。开花期最弱，此时期只能适应1～5小时的45摄氏度高温以及30分钟的零下1摄氏度低温。开花期之后，只要不遇到1～5小时的40摄氏度高温以及1小时的1～3摄氏度低温，葡萄就不会受灾。

以上是葡萄不会遇到大的灾害的温度。换句话说这就是葡萄生长发育的临界温度。所以，实际管理的温度范围要比该温度范围狭小，管理的时候要选择适合葡萄的温度，也就是适温管理。

（一）空气温度

阳光玫瑰葡萄休眠期的耐高温性及耐低温性都比较强，我们可以尽可能地利用太阳光，通过开关设施通风口，将温度稳步调整到25～28摄氏度，要避免长时间的高温，防止影响花芽分化。低温只要不低于0摄氏度就不会产生冻害，但是考虑到要保证葡萄的正常生长发育，尽量保持设施内温度在7摄氏度以上。

（二）地温

设施促早栽培，虽然能够早期发芽，但是前期根的生长却很慢。因为空气和土壤的比热容差别大，覆盖好薄膜后，太阳光可以很快使室内温度上升，但是地表温度却提升缓慢，这就造成根上部以及根下部发育的不均衡，从而影响树体的正常生长。

因此，在设施促早栽培过程中，一定要重视地温的同步提升。

目前比较简单的方法就是：通过分阶段慢慢提高室温的方式让树体发芽变慢，从而实现芽与根生长之间的平衡。需要注意的是，如果白天温度高，夜间温度也高，那么发芽就会非常快，这样就让结果母枝的顶端先发芽，从而造成发芽的不齐整。所以，白天温度高的时候，应该尽量降低夜间的温度，从而使树体生长减慢。另外，我们也可以采用透明塑料薄膜护覆根（图5-11），提高地温。

图5-11　根部覆白色薄膜保温

六、湿度管理

湿度从开始扣棚加温到萌芽期，空气的相对湿度要控制在90%左右，以利于萌芽整齐。

七、土肥水管理

萌芽前20天左右，可根据上年园区实际情况，亩施尿素10千克左右，开沟浅施，肥水结合。这个时期避免频繁浇小水，不利于地温的上升，浇水也尽量在连续晴天时进行。

浅耕土壤，改善土壤透气性，利于提高地温，促进根系生长。

八、病虫害防治

当冬芽开始萌动、膨大至绒球状时，喷施3～5波美度石硫合剂，务必在绒球见绿前完成，否则易烧伤芽体。此外，因葡萄植株尚未完全恢复生长，枝干比较干燥，需要较大的药液量才能均匀渗入树皮和枝干的表皮组织，因此，此次喷施要均匀，最好采用淋洗式的喷药方法，把药剂细致地喷遍树体、架材、钢丝和地面。注意，若遇雨水天气，也可使用80%硫黄水分散粒剂200倍液代替石硫合剂。

第二节　萌芽期到花序展露期管理

一、树体管理

（一）抹芽

根据萌芽的时间，一般在萌芽后10～15天分次进行第一次抹芽，在芽长至3～5厘米左右能看到花序时进行，保留健壮芽及着生位置好的芽，抹去无用的芽，如单个芽眼萌发的副芽和主蔓基部萌发的萌蘖（图5-12）。

间隔10天后进行第二次抹芽，主要抹去第一次多留的芽、后萌发的芽、位置不好的芽、无用芽及主干上萌发的芽，对于有利用价值的弱芽应尽量保留，如主蔓有缺位的部分应尽量留芽（无论强弱）（图5-13）。调整至每米主蔓留芽10～12个，均匀分布在架面上（图5-14）。

图5-12　抹芽前

图5-13　抹芽后

图5-14　第二次抹芽后，每米主蔓留10 ~ 12个芽

需要注意的是抹芽需要根据树体长势的强弱进行，如果树势强，可以正常抹芽；如果树势弱，就要早抹芽减少树体损耗。一般来说，树势强的萌芽期的芽大，茎的根部粗，第一片叶和第二片叶展开时叶片厚、大，有粉红色的柔毛（图5-15）。

图5-15　强壮芽

（二）定梢

一般在新梢长至15厘米左右、花穗出现并能分辨出花穗质量时开始进行，抹除多余的枝，如过密枝、细弱枝、地面枝和外围无花枝等。一个结果母枝保留1个或2个新梢。定梢数量应由枝条生长势强弱和花穗质量决定。最后使新梢间距单侧20厘米左右，即每米主蔓留梢10个左右（图5-16）。如相邻结果新梢有缺位时，可保留2个新梢。在早期加温栽培中，如果新梢的数量够，可以将长势不好的新梢摘掉，而避雨栽培可以将长势极强或者是极弱的新梢摘掉，只留下长势相近的，以便后期管理。

二、温度管理

本阶段的温度调控原则是恒定气温，提高地温，预防极端温度。一般白天温度控制在20～28摄氏度，夜间温度控制在10～15摄氏度。早期外界温度不稳定，需要时刻关注天气变化，及时打开风口和关闭风口。

图5-16　定枝，每米主蔓留10个新梢，均匀分布

三、湿度管理

空气相对湿度应控制在70%左右，降低烂芽等病害的发生。

四、水肥管理

长势壮的园区可以不施肥，树势中等或弱的园区需要每亩地施尿素5～10千克或水溶性高氮复合肥5千克左右。为预防缺铁性黄化，可以加入螯合铁肥，按产品使用要求，滴灌或者喷施。

五、病虫害防治

2～3叶期主要预防各类潜伏病虫害，尤其是绿盲蝽（图5-17）、蚜虫、蓟马等。绿盲蝽的防治可以使用10%歼灭（高效氯氰菊酯）2000～3000倍液、辛硫磷、吡虫啉等。

图5-17　绿盲蝽危害

六、常见问题及解决方法

（一）发芽量少、不整齐

［发生原因］①冬剪留下的结果母枝质量不好（图5-18）。②破眠剂浓度过大或重复涂芽，涂抹破眠剂前后田间未浇水（图5-19）。

图5-18　结果母枝干枯

图5-19　基部芽枯死，发芽不齐

[解决方法] ①加强冬剪质量，尽量留粗细均匀的优质枝条。②单氰胺烧芽导致芽枯死，发芽量不够无法挽救，根据发芽量，发芽量还行或足够时，继续正常管理，发芽量不够，缺空严重的话，我们就要考虑重新培养树形。

（二）霜冻

[发生原因] 出现寒流后，设施促早栽培中，有时室内温度会回到零下，大棚会遭受霜冻之害（图5-20），特别是萌芽期一定要特别注意，达到零下3摄氏度或者是零下5摄氏度一个小时的时间就会导致冻害。

[解决方法] ①寒流来临之前，封棚浇大水或利用加温材料或用设备加温。②轻度冻害，剪去受损嫩梢，加强根系管理、肥水管理及病害管理，尽快恢复树势，降低葡萄树的损失。③重度冻害，剪去所有新梢，重新开始培养树形。

（三）花序退化

[发生原因] ①从加温开始到萌芽期的时间短的话，花蕾的发育时间可能不足（图5-21）。②花序展露期，长期高温。

图5-20　霜冻

图5-21　花序退化

[**解决方法**] 可以采取缓慢提升室内温度的手段。如果发现温度过高，可以慢慢降低温度。

（四）高温烧芽

[**发生原因**] 外界晴天，设施没打开风口放风，导致棚内极端高温（图5-22）。

[**解决方法**] 棚内放温度计，注意棚内温度，及时放风降温。

图5-22　高温烧芽

第三节　花序分离期到初花期管理

一、树体管理

（一）摘心，去卷须

花前一周即花序上3～4片叶处摘心（图5-23），摘心处叶片大小要比一元硬币大。一定要注意一批次统一摘心，弱枝条在花序上第2片叶处摘心，壮枝条在第8片叶处强摘心，以保证后期的花期相对一致。

图5-23　统一摘心

（二）绑缚新梢

以叶片摆满架面、但互不遮挡为原则，通过引缚，合理调整枝条角度，使新梢均匀分布，通风透光（图5-24，图5-25）。根据阳光玫瑰叶片的大小，建议新梢间距为18 ～ 20厘米。开花前绑缚完毕。

图5-24　均匀绑缚枝条-1

图5-25　均匀绑缚枝条-2

（三）花序的选留和整形

1. 花序的选留

图5-26　适期疏除部分花序

阳光玫瑰葡萄植株在良好的管理条件下，每个结果新梢会分生出1～2个花序。在花序发育到5～8厘米，即可以分辨出花序质量时，为了平衡新梢的生长势以及树体合理的负载量，我们需要疏除部分花序（图5-26）。

［**花序选留方法**］较强旺的结果枝条留2个花序，中庸枝条留1个花序，细弱枝条不留花序，延长枝条不留花序。

2. 花序整形

[**花序整形的目的**] 使果穗达到一定的形状，外观美丽，大小整齐一致（图5-27、图5-28）。

图5-27　修整花序前

图5-28　修整花序后

[**花序整形的时期**] 一般在初花期进行，面积大的园区需要提前，在花序完全分离时进行。

[**花序整形的方法**] 保留穗尖5厘米左右，其余支穗全部去除。穗尖开花比较一致，方便进行无核化处理。另外，可以在花穗上部留一个小副穗作为标记，无核化处理后将其剪去或掐掉。

二、温湿度管理

白天温度控制在28摄氏度左右，超过30摄氏度及时放风降温，空气相对湿度控制在70%左右。

三、土肥水管理

[**土壤湿度**] 此时期需要让田间土壤湿度保持在最大持水量的70%左右，以保证新梢、叶片的快速生长和花序的继续分化。

［**花前肥**］开花前叶面喷施硼肥，促进葡萄花粉萌发和花粉管伸长，便于授粉和受精，促进坐果。

四、病虫害防治

此时期主要防治灰霉病（图5-29）、霜霉病（图5-30）、黑痘病、穗轴褐枯病、绿盲蝽（图5-31）、蓟马（图5-32）等。具体防治方法详见第六章阳光玫瑰葡萄病虫害防治。

图5-29　灰霉病危害花序

图5-30　霜霉病危害叶片

图5-31　绿盲蝽危害叶片

图5-32　蓟马危害花序

五、常见问题及解决方法

（一）畸形花序

畸形花序见图5-33、图5-34。

图5-33　双头花序

图5-34　多头花序

［**发生原因**］有待研究。

［**解决方法**］①当花序为双头花序或多头花序时，确定1个生长方向比较顺的穗尖。②特殊情况下，也可以减去主花序，保留健壮的副花序。

（二）花前落粒

［**发生原因**］土壤过于干旱，树体水分胁迫造成。

［**解决方法**］保持土壤湿度。

第四节　开花期到幼果膨大期管理

一、主梢摘心及副梢管理

（一）主梢摘心

此阶段共两次摘心，第一次摘心在盛花末期前后进行，结果枝顶端延长梢留3片叶摘心，摘心处叶片大小也要保证一元钱硬币大小，调整营养回流到花序，促进葡萄坐果及膨大；第二次摘心在膨大处理前后进行，第一次摘心后顶端副梢留2片叶重摘心，摘心处叶片保证在正常叶片1/3大小，膨大处理后，果实快速膨大，需要大量的营养，我们需要留下功能叶片制造营养，摘除消耗营养的小叶片（图5-35）。

图5-35　主梢摘心

（二）副梢管理

花序附近三个副梢留1～2片叶摘心（图5-36），其他副梢全部摘除。花序附近留副梢一是为了增加叶片数量，二是为了在葡萄硬核期时，遮挡阳光，预防日烧。

图5-36　副梢摘心

果实膨大期一定要做好副梢管理，防止新梢生长量过大，抢夺树体营养，影响果实膨大。

二、保果及膨大处理

（一）保果及无核化处理

1. 处理时期

阳光玫瑰葡萄无核化处理要在花满开后0～2天内进行。处理过早，容易造成果穗弯曲、僵果、大小粒严重；处理过晚，会造成无核率低或者起不到无核和保果作用。辨别盛花末期的方法是花序顶端花帽顶起，可以看到花帽下方的小果粒。

由于阳光玫瑰葡萄花期的不一致（图5-37），为了保证果品的质量，我们必须分批次进行处理，每处理一批后做好标记。

开花前

初花期

盛花期

盛花后1 ～ 2天

图5-37　开花不同阶段

2. 保果及无核化处理具体操作与注意事项

保果及无核化处理见图5-38。

图5-38　保果及无核化处理

阳光玫瑰葡萄无核栽培具体操作与注意事项如下。

（1）无核栽培需要培养强壮的树势，以下农药在无核栽培时，搭配着使用，具体使用时需注意：赤霉酸一般使用浓度为20 ～ 25毫克/升，当树势弱时用高浓度（25毫克/升），树势旺时用低浓度（20毫克/升）；氯吡脲、噻苯隆一般使用浓度为2 ～ 5毫克/升，当树势弱时用高浓度，树势旺时用低浓度；花穗感病和落花落果严重时用高浓度；无核化及保果早时用低浓度，无核化及保果晚时用高浓度；特别是已经开始生理落果时用高浓度。树势太弱时不建议进行无核栽培，可自然坐果。

（2）植物生长调节剂处理后，应及时加强肥水管理，一般保果结束后立即进行滴灌或冲施腐殖酸类水溶性肥料或海藻精水溶肥，能够快速被树体吸收利用。保持土壤湿度在80%左右，可提高植物生长调节剂的效果，促进果实快速膨大，保持土壤湿度在80%左右，促进果实快速膨大。

（3）植物生长调节剂最好现用现配，在满花后48小时内分批次用保果药剂进行处理。

（4）最好采用浸穗的处理方式。花穗上无露水后，用杯子浸花穗，选择温度在20～30摄氏度之间的晴天进行，雨天不可进行。

（二）膨大处理

1. 膨大处理时期

无核化保果处理后12～15天。

2. 处理药剂

25毫克/升赤霉素，或25毫克/升赤霉素+3～5毫克/升氯吡脲。

3. 处理方法

用杯子浸泡果穗，然后注意及时抖落果实上过多的药液，防止高温时，药液破坏果面（图5-39）。

图5-39　膨大处理

三、疏果

此时期果实增大速度很快，但是所需要的养分量较少。叶子少，光合作用的产出量也就会少，这样就不能忽视其向果实分配的光合作用产出量，疏果晚会造成光合作用产出量的浪费，妨碍果实的增大。

结果状况变明朗的话，就应该及早进行疏果。修果越快越好，但在修果之前一定要考虑好留多少果，保持多少留果密度等。

疏果方法如下。

(一)果穗指标

每串留果50～60粒，粒重14～16克，成熟期单穗重700～850克（图5-40）。

图5-40 阳光玫瑰葡萄标准果穗

(二)第一次粗疏果

阳光玫瑰在第一次保果后4～6天果粒基本坐稳后，及时开始第一次粗略疏果：根据目标果穗指标，确定穗长15厘米左右，保留15～16个小分枝。剪去上部多余的枝梗，然后将果穗上部留下的分枝打单层（图5-41），防止上部分枝赤霉素处理后拉长分离，影响穗型。另外，对于穗尖有分叉的，选择一个长势顺畅的留下，如果穗尖表现很差，我们就需要把穗尖去掉。

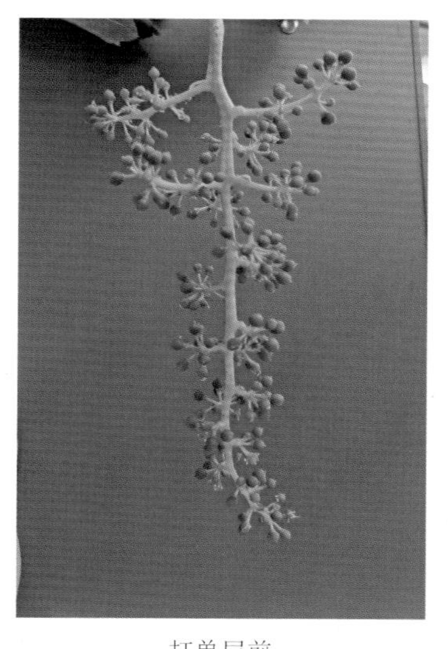

打单层前

打单层后

图5-41　打单层前后

（三）第二次精疏果

保果处理1周后，当果粒跟黄豆粒大小时进行精密疏果。首先剪去畸形果、小粒果和个别突出的大粒果，最顶端可保留部分朝上果粒，末端保留穗尖，以达到封穗效果，其余中部小穗去除向上、向下、向内生长的果粒。整个果穗从上到下，采用5-4-3-2-1的原则，即最上层2～3个小穗保留5粒果，再往下4个小穗保留4粒果，再往下5～6个小穗保留3粒果，最下端着生1～2粒果的小穗不修剪。疏果后，整个果穗呈中空的圆柱体（图5-42）。留果量不同的果穗，每个支穗上的留果量也不同，最终使整个果穗上的果粒分布均匀、松紧适度。

对于分枝横向延伸过大的情况，我们需增加每个分枝的留果量，以保证后期果实抱紧。

精细疏果前　　精细疏果后

图5-42　精细疏果前后

四、温湿度管理

（一）温度

除保果时期温度控制在20～28摄氏度外，其他时期白天温度控制在25～30摄氏度之间，若白天外界温度超过30摄氏度，我们需要让设施内的温度尽量降到接近室外温度，夜间温度控制在15～20摄氏度。

（二）湿度

开花期，空气相对湿度控制在60%左右，开始保果后保证空气湿度在80%左右。幼果膨大期间一定要加大田间湿度，这样利于果实的膨大。

五、土肥水管理

（1）开花期　适当保证土壤的湿度，过干的话，会造成花穗提前落果。

（2）保果期　每次保果后都需要及时浇水，保证土壤湿度在65%以上。

（3）坐果稳定后　开始保持水肥充足，特别是水要充足，每亩施入5～7千克高氮复合肥，或5千克平衡复合肥搭配3～5千克尿素，7～10天一次，交替使用，期间注意适当补充钙肥。果实膨大期虽然对氮肥和钾肥的需求量比较高，但一定要合理配比，不可单元素肥过量，氮肥过多，枝梢徒长；钾肥过多，枝条提前木质化，传输营养能力下降，都不利于果实的膨大。

六、病虫害防治

开花前后主要防控灰霉病、霜霉病（图5-43）、绿盲蝽、透翅蛾等病虫害。

幼果膨大期主要病虫害有黑痘病、白粉病（图5-44）、灰霉病、毛毡病、白腐病和红蜘蛛、绿盲蝽（图5-45）、蓟马（图5-46）、茶黄螨等，此外还有日灼病等生理性病害。

图5-43　霜霉病危害果实

图5-44　白粉病危害果实

图5-45　绿盲蝽危害果实

图5-46　蓟马危害果实

七、常见问题及解决方法

（一）穗尖弯曲及僵果

穗尖弯曲及僵果见图5-47、图5-48。

图5-47　穗尖弯曲

图5-48　僵果

[**发生原因**] 保果处理时，穗尖花未完全开完，处理过早。

[**解决方法**] 穗尖完全开完花后再进行保果处理。

（二）果穗肩部果粒有核

有核果见图5-49。

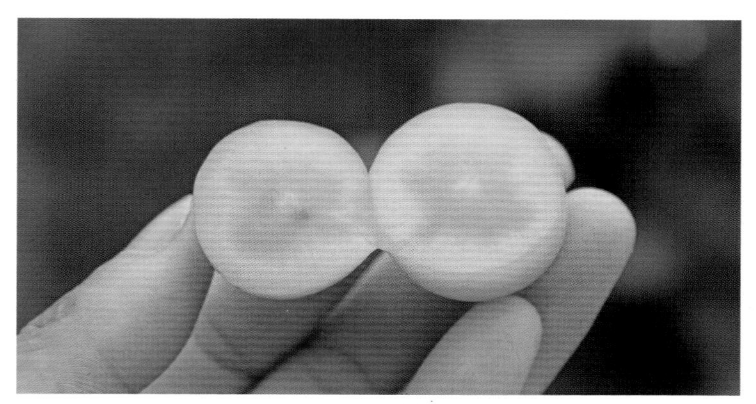

图5-49　有核果

［**发生原因**］保果处理时，果穗肩部花已开过48小时，子房已受精，处理过晚。

［**解决方法**］①人工充足的话，每天保果一遍。②花前进行无核化处理。

（三）穗尖未完全开花，果粒开始掉落

落粒现象见图5-50。

［**发生原因**］①灰霉病侵染。②土壤过干。③花期温度低，开花时间过长，上部开始生理性落果。④树体营养生长太旺。⑤棚架密闭，花序光照不足。

［**解决方法**］①初花期打好防灰霉病的药。②保证土壤湿度，保证树体正常生长发育。③设施栽培下，人为保证花期温度在15摄氏度以上；没有加温条件的，可提前保果，保果药中可加入低温时活性较好的噻苯隆来保证坐果质量，后期去掉穗尖。④注意氮肥的用量，防止枝条徒长严重。⑤合理分布枝条，保证光线可以照到花序。

图5-50　落粒严重

（四）日灼

日灼病见图5-51。

图5-51　日灼病

［**发生原因**］幼果快速膨大期，果实内含物主要是水分，如遇紫外线和强烈阳光照射，水分会过度蒸腾，从而造成日灼。

［**解决方法**］棚架栽培，遮挡果穗，果园生草，搭建遮阳网，保证土壤水分充足并疏松透气。已发生日灼的果粒，不要清理，等日灼时间过后再修剪。

（五）果实药害

［**发生原因**］局部药液浓度过高损伤果皮（图5-52）。

图5-52　药害

［**解决办法**］①避免高温时段打药。②膨果处理时尽量避免加入杀虫药。

第五节　硬核期管理

阳光玫瑰进入硬核期，外界环境普遍处于夏季高温季节，树体枝叶长势比较缓慢，果实也相对停止膨大，这个时期我们仍要加强管理，继续预防日灼、气灼，补充水肥，为后期葡萄发育奠定基础。

一、树体管理

改善架面，清理多余的枝梢，做到架面铺满但不密闭（图5-53），果穗附近副梢保证留2～3叶。

二、土肥水管理

强化园区排水工作，避免园区积水。

图5-53　架面通风透光

田间除草或者在树体左右50厘米处浅耕松土，打破地表板结，增加土壤透气性（图5-54）。

图5-54　除草

遵循前边的施肥原则，每10天左右给一次水肥，加强钙的补充，土壤湿度控制在60%左右。浇水施肥避开白天高温阶段，用滴灌，夜间或清早进行，少量多次。

三、病虫害防治

主要防治灰霉病、霜霉病、白腐病（图5-55）、溃疡病、蓟马、康氏粉蚧、螨类（图5-56）等。

图5-55　白腐病危害果实

图5-56　螨类危害果梗

四、搭建防鸟网

果实套袋前及时搭建防鸟网（图5-57、图5-58），进入软化期后，葡萄开始上糖，鸟害陆续开始严重。

[**搭建方法**] 选择网孔为1.5厘米×1.5厘米或2.5厘米×2.5厘米的鸟网或渔网覆盖整个葡萄生产区，或没有塑料薄膜覆盖的露天设施部分，包括大棚的四周和通风口。

图5-57　连栋避雨栽培搭建防鸟网

图5-58　简易避雨栽培搭建防鸟网

五、常见问题及解决方法

气灼病俗称缩果病（图5-59），是一种与特殊气候条件有直接或间接关系的生理性病害，也是“生理性水分失调症”的表现之一，在全国葡萄产区均有发生。气灼病是红地球等葡萄品种的常见病害，果实套袋后易发生，其他葡萄品种，气灼病时有发生，严重时病穗率达80%以上。

图5-59　气灼病

［发生原因］高温期土壤水分不足或根系受损，叶片蒸腾失去的水分大于根系吸收的水分造成的生理性病害。

［解决方法］①改善土壤，强健根系。②开棚通风，避免棚架密闭。③生草栽培，保持土壤湿度。

第六节　软化期到成熟期管理

一、树体管理

及时抹去多余的副梢，避免枝叶旺长（图5-60）。

二、疏果

果实套袋前再次进行疏果，主要去除僵果、病虫果、内堂果和过密处的果粒，最终确定标准穗形（图5-61）。

图5-60　叶幕通风透光

疏果前

疏果后

图5-61　疏果前后

三、土肥水管理

果粒开始微软后，开始滴灌中氮高钾型水溶复合肥5千克左右，8～10天一次，共滴灌2～3次，后期改为中磷高钾型水溶肥或者纯硫酸钾肥5千克左右，间隔10天一次，一直到成熟。

果实软化期到成熟期不要控水，如果缺水的话不仅会影响果粒膨大，果粒的糖分上升也会受到影响。成熟期的葡萄果粒需要很多的糖分，水是光合作用的重要材料，水不足会导致糖的生产效率降低。葡萄树体内水分不足的话葡萄叶的气孔会封闭，气孔封闭就会阻止光合作用的必需品二氧化碳的输送，糖的生产量也会降低，所以成熟期天气好的话应该多浇水，保持土壤含水量在60%左右。

四、温湿度管理

从结果期到成熟期，葡萄的适宜温度为白天28摄氏度，夜间15 ～ 20摄氏度。一般成熟期白天的温度高，可以通过洒水等措施使夜间的温度降低。

五、病虫害防治

主要防治灰霉病、白粉病（图5-62）、白腐病、炭疽病（图5-63）、溃疡病、酸腐病（图5-64）等病害，蓟马、康氏粉蚧、螨类、橘小食蝇（图5-65、图5-66）等虫害。

图5-62　白粉病危害果实

图5-63　炭疽病危害果实

图5-64　酸腐病危害果实

图5-65　橘小食蝇危害果实

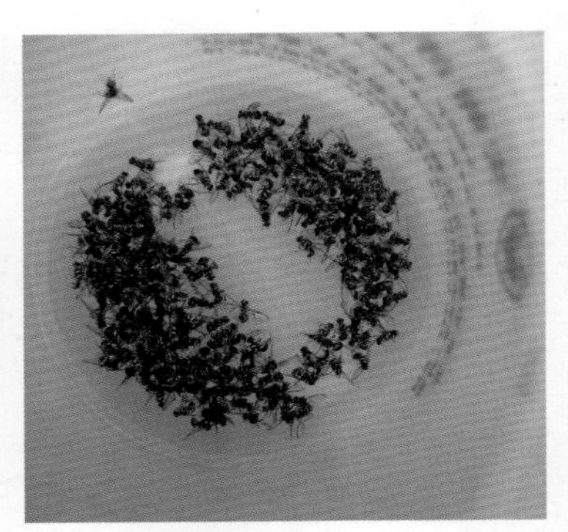

图5-66　橘小食蝇

六、套袋

［套袋时期］果实软化后，开始套袋。

［葡萄袋种类］白色果袋（图5-67）、绿色果袋（图5-68）、三色渐变袋（图5-69）。

［套袋方法］撑开袋口，令袋体膨起，使袋底两角的通气放水孔张开，手执袋口下2～3cm处，袋口向上或向下，套入果穗后

使果柄置于袋口开口基部，不应将叶片和枝条装入袋子内，然后从袋口两侧依次按“折扇”方式折叠袋口于切口处，将捆扎丝扎紧袋口于折叠处，于线口上方从连接点处撕开，将捆扎丝返转90度，沿袋口旋转一周扎紧袋口，使幼穗处于袋体中央，在袋内悬空，防止袋体摩擦果面，不要将捆扎丝缠在果柄上。

图5-67　白色果袋

图5-68　绿色果袋

图5-69　三色渐变果袋

七、常见问题及解决方法

（一）裂果

［**发生原因**］①果实接近成熟期时糖分会增高，吸水性增强，此时果皮比较脆弱，当叶片无蒸发，水分无法从树体内出来的时候就会在果粒内部水压力的作用下出现裂果（图5-70）。②干燥地区突然下大雨的时候，剧烈的水分变化，也容易发生裂果。③果皮脆弱。

图5-70　裂果

［**解决方法**］

① 成熟期尽量在天气晴朗的时期进行补水，此时期叶片蒸腾作用正常，基本不会出现裂果。②大

棚栽培做好排水和防雨措施，保障雨水不进入大棚之内。③增强果皮的弹性，果粒二次膨大后期要稍微抑制氮肥的使用，果皮的弹性就会增加，氮太多的话，果皮也容易变脆弱。

（二）软果

［发生原因］①田间土壤水分不够，树体蒸腾量大，抽调果实中的水分，造成软果。②涝害造成根系受损严重，吸收不了足够的水分，遇高温天，造成软果。

［解决方法］①保证田间土壤湿度。②起垄栽培，做好排水系统，涝灾后，及时排水，并浅翻土壤，增加土壤透气性。

（三）糖度低

［发生原因］①高温期，葡萄树内水分不足，为了防止干枯，叶子的气孔就会封闭，气孔吸收的二氧化碳就会减少，光合作用产生的糖分就会受到限制，从而产生糖分下降。②产量过高。③氮肥过多，钾肥不足，葡萄贪青。

［解决方法］①严防高温伤叶，天气好的话成熟期也需要多灌水。②严格控产，不可贪心。③软化期后，适当控制氮肥的使用量，增加钾肥。

第七节　采收后管理

一、病虫害防治

由于葡萄采收期停止用药，葡萄采收后需要立即打药清园，减少病虫害越冬基数。

二、设施栽培薄膜管理

简易避雨棚或需要换塑料膜的其他设施棚要清除避雨膜，将葡萄从避雨栽培环境改成露地栽培环境，使其进入自然生长状态。

塑料薄膜第二年需继续利用的设施棚，打开所有通风孔，让设施内环境接近外界环境气候。

三、秋施基肥

［**施肥时间**］一般在采果后至晚秋（初冬）时节进行，越早越好。

［**施肥种类及数量**］基肥以有机肥为主，可以是农家肥、商品有机肥料（图5-73）、微生物肥料等，每亩用量2000～4000千克，同时按照每亩硫酸钾型复合肥（15-15-15）30千克、过磷酸钙30千克的标准施入化学肥料。

［**施肥方法**］成龄葡萄园采用开沟施入（图5-71，图5-72），开沟距离主干0.5～1.0米，随着树龄的增长和树势的增大，施肥位置距主干距离可适当增大。也可撒施肥料后机械旋耕（图5-73，图5-74）。然后大水灌溉。

图5-71　开沟施肥

图 5-72　开沟施肥一体机

图 5-73　撒施有机肥

图 5-74　旋耕

第八节　冬季修剪

一、修剪时期

在郑州地区，阳光玫瑰葡萄冬季修剪时期是在落叶后15天以后开始进行。以每年12月中下旬至第二年1月底为宜，修剪过早易造成冻害，修建过晚，则会造成伤流严重。建议年前修剪结束。

二、修剪目的

冬季修剪可以使葡萄植株按照栽培目的进行培养，通过对不同生长势的枝条采取不同的修剪方法，结合不同生长势的枝条选留果穗，可有效地调节葡萄植株生长势。

单株或单位土地面积（每亩）在冬剪后保留的芽眼数被称为单株芽眼负载量或单位面积芽眼负载量。适宜的芽眼负载量是保证翌年适量的新梢数和花序、果穗数的基础。冬剪留芽量的多少主要决定因素是产量的控制标准。对于阳光玫瑰葡萄植株，冬季修剪时，每1米架面留结果母枝10个，两侧各5个。按照行距3米计算，每亩有220米架面长度，即每亩留结果母枝2200个，留芽4400个。另外，随着树龄的增加，结果枝常常出现缺位现象，如出现结果枝缺位，需在附近选择顺势的优质结果母枝进行压条补充，确保冬芽均匀分布，无空缺。

三、修剪步骤

一“看”、二“疏”、三“截”、四“查”。①看，即修剪前的调查分析。即看树形、看架式，看树势，看与相邻植株之间的关系，以便初步确定植株的负载能力，再确定修剪量的标准。②疏，指疏去病虫枝、细弱枝、枯枝、过密枝、需局部更新的衰弱主侧蔓以及无利用价值的萌蘖枝。③截，根据修剪量标准，确定适当的母枝留量，对一年生枝进行短截。④查，经过修剪后，检查一下是否有漏剪、错剪，因而称为复查补剪。

在修剪操作中，应当注意以下事项：①剪截一年生枝时，剪口宜高出枝条节部2厘米以上，剪口向芽的对面略倾，以保证剪口芽正常萌发和生长，或在留芽上部芽眼中间进行短截，为破芽修剪。②疏枝时，剪口或锯口剪得不要太靠近母枝，以免伤口向里干枯而影响母枝养分的输导。③去除老蔓时，锯口应削平，以利于愈合。

四、修剪方法

在树形结构相对稳定的情况下，每年冬季修剪的主要对象是一年生枝。修剪的主要工作是短截、疏剪、枝蔓更新。

（一）短截

指将一年生枝剪去一段、留下一段的剪枝方法，是阳光玫瑰葡萄冬季修剪的最主要手法（图5-75），根据剪留长度的不同，分

图5-75　阳光玫瑰葡萄修剪前

为极短梢修剪（留1芽）、短梢修剪（留2～3芽）（图5-76）、中梢修剪（留4～6芽）、长梢修剪（留7～11芽）（图5-77）和极长梢修剪（留12芽以上）等修剪方式。

图5-76　阳光玫瑰葡萄短梢修剪后

图5-77　阳光玫瑰葡萄长梢修剪

（二）疏剪

把整个枝蔓（包括一年生和多年生枝蔓）从基部剪除的修剪方法。疏剪的枝主要包括病虫枝、细弱枝、密集枝、枯枝、萌蘖枝等。疏剪具有如下作用：疏去过密枝，改善光照和营养物质的分配；疏去老弱枝，留下新壮枝，以保持生长优势；疏去过强的徒长枝，留下中庸健状枝以均衡树势；疏除病虫枝，防止病虫害的危害和蔓延。

（三）枝蔓更新

1. 结果母枝更新

结果母枝更新可避免结果部位逐年上升外移和造成下部光秃，一般采用双枝更新和单枝更新两种方法。

［**双枝更新**］两个结果母枝组成一个枝组，修剪时上部母枝长留，基部母枝留2芽短剪作为预备枝。预备枝在翌年冬季修剪时，上枝留作新的结果母枝，下一枝再进行留2芽短剪，使其形成新的预备枝；原结果母枝于当年冬剪时被回缩掉，以后逐年采用这种方法依次进行。双枝更新要注意预备枝和结果母枝的选留，结果母枝一定要选留那些发育健壮充实的枝条，而预备枝应处于结果母枝下部，以免结果部位外移。

［**单枝更新**］只对一个结果母枝进行修剪。冬季修剪时对结果母枝留2芽进行修剪，第二年萌芽后，选留长势较好的2个新梢，上面的新梢用于结果，下面的新梢作为预备枝培养成下一年的结果母枝，冬季修剪时将上面结果的新梢疏除，下面的新梢作为结果母枝留2芽修剪。以后每年按照此方法进行修剪。

2. 多年生枝蔓的更新

经过多年修剪，多年生枝蔓上的“疙瘩”、“伤疤”增多，影响输导组织的畅通性；另外过分轻剪的葡萄植株，下部出现光秃，结果部位外移，造成新梢细弱，果穗、果粒变小，产量及品质下降，遇到这种情况就需对一些大的主蔓或侧枝进行更新。

［**小更新**］对侧蔓的更新称为小更新。一般在肥水管理差的情况下，侧蔓4 ～ 5年需要更新一次，一般采用回缩修剪的方法。

［**大更新**］凡是从基部除去主蔓进行更新的称为大更新。在大更新之前，必须积极培养从地表发出的萌蘖或从主蔓基部发出的新枝，使其成为新蔓，当新蔓足以代替老蔓时，可将老蔓除去。

第九节　销售期管理

一、采收时期

葡萄不是装饰品，是食品，味道不好的话，不会有人买。所以应该在完全成熟之后再摘。从长远眼光看，该情况对于提高产地的信用度也有好处。

当浆果充分发育成熟，果皮呈浅绿色或绿色泛黄，可溶性固形物含量达到18%，表现出阳光玫瑰固有色泽和风味时采收。成熟后挂树时间不宜超过30 天，采摘观光的可适当延长。

［**注意事项**］

采收要避免在高温进行。温度高的白天，由于叶子的蒸发较快，葡萄的水分会被吸走，而到晚上之后这些水分还会被吸回来。如果在气温高的中午采收的话，不仅会导致葡萄水分减少，同时也会使得葡萄不能长久保存。所以应该气温低的时候收获，最好早上采收，这样葡萄既能够吸收足够多的水分，又能增长保存时间、增加收获量。

采收下来的葡萄应进行果穗修整，剔除病果粒、伤果粒、烂果粒及小果粒，分级包装一定要做到外观好看、能够长时间保存，杜绝销售有问题的葡萄。同时要时刻保证包装间的环境和人员清洁卫生。

二、销售

（一）自主销售

自主销售有园区采摘（图5-78）、礼盒包装（图5-79）等形式。

图5-78　园区采摘

图5-79　礼盒包装

（二）渠道和市场批发

根据收购商的葡萄采收标准进行采摘，分级销售（图5-80，图5-81）。

图5-80　渠道分级、送货

图5-81　果商现场分级销售

三、贮藏保鲜

冷藏保鲜，延后销售，可以错开成熟高峰期，错开市场价格低的时期，到市场价格抬升后销售。

阳光玫瑰葡萄不易落粒，耐贮藏性好，冷库贮藏配合保鲜剂可使阳光玫瑰葡萄保鲜期达4～5个月，且果实外观品质基本没有变化，掉粒和腐烂现象不明显，果实硬度、香味、可溶性固形物、抗坏血酸含量略有下降，综合商品性状良好。

冷库贮藏保鲜步骤如下。

1. 选果

优质的葡萄才能获得好的贮藏效果。优良的栽培技术对葡萄贮藏保鲜具有至关重要的影响。

应该选择晴天于早晨露水干后采收，选果穗大小、成熟度一致、高糖高香、果面干净、无机械损伤的果穗入贮，一般要求果穗底部果粒可溶性固形物含量达到18%左右，但不能过熟。

［**注意**］高产园的葡萄，成熟不充分的葡萄，有软尖、有水罐病的葡萄，采前灌水或遇大雨采摘的葡萄，有灰霉病、霜霉病或其他病害的葡萄，遭受霜冻、水涝、雹灾等自然灾害的葡萄。这些葡萄不要进行冷库贮藏。

2. 包装

用于盛放阳光玫瑰葡萄的容器有纸箱和塑料筐，纸箱或塑料筐内衬0.03毫米PE保鲜膜，保鲜膜上放置吸水纸，然后平放果穗，果穗盛放的量根据纸箱或塑料筐的大小而定，要求果穗单层放置。

3. 熏蒸

用二氧化硫熏蒸葡萄和冷库。

4. 预冷

阳光玫瑰葡萄入库前2～3天将冷库温度降至–2～0摄氏度。熏蒸处理后的阳光玫瑰葡萄应及时移入冷库预冷，预冷时间为12～24小时。预冷过程中，纸箱或塑料筐内保鲜袋口敞开，平铺放置，使冷气均匀渗入果实内，当温度降至–1～0摄氏度时，放入保鲜剂（国家农产品保鲜工程技术研究中心研制，CT2片型保鲜剂，每个塑膜纸袋内装2片，每片0.55克，主要成分为$Na_2S_2O_3$，使用剂量为每500克葡萄一袋CT2）；然后果穗上面放置吸水纸，防止贮藏期间因冷库温度反复变化产生结露；最后排净袋内空气，扎口。

5. 入库

① 科学码垛入库果箱。一般纸箱，依据纸箱质量一般码5～7层或更高，垛间留通风道。

② 随时观察库存果状况。在冷库不同部位摆放1～2箱观察果，扎好塑料膜后，不盖箱盖，以便随时观察箱内变化。如发现霉变、腐烂、裂果、药害、冻害等变化时，应及时处理。

③ 随时观察库温变化。严格控制库温，稳定在0～-1摄氏度。

④ 注意换气。葡萄贮藏过程中一般不需要换气，如果库内有异味时，要打开通风窗或库门换气。换气应选择库内和库外温差小的时候进行，雨天、雾天严禁换气。

第六章
阳光玫瑰葡萄病虫害防治

一、主要病虫害

在展叶2片或3片时，防治绿盲蝽和粉蚧；花序分离期，防治灰霉病；开花前，防治灰霉病、蓟马、蛀螟和透翅蛾；花后1周，防治白粉病、粉蚧和红蜘蛛；套袋前，防治炭疽病和白粉病。

二、防治原则

预防为主，综合防治，以农业综合措施为基础，合理利用物理防治和生物防治，结合冬季修剪，彻底清园，剪除病果、病穗、卷须，清除地面枯枝落叶；生长季，及时摘除病叶、病枝、病果、集中深埋；拔除病毒植株，防止扩散蔓延；实行全园套袋；在园内安装诱蛾灯、人工捕捉害虫。

阳光玫瑰葡萄抗性较强，生产上常见的病虫害发生种类有日灼病、病毒病、灰霉病、霜霉病、炭疽病、绿盲蝽等。因此，阳光玫瑰葡萄病虫害防治要贯彻"预防为主，综合防治"的植保方针，优先采用农业防治，提倡生物防治、物理防治，必要时按照病虫害的发生规律科学使用化学防治技术。严禁使用国家禁用的农药和未获准登记的农药。采收前20天停止用药。

在防治过程中采用前重后保的策略，即早期要狠、要重，力求将病虫卵基数压到最低，后期以保护为主。

为生产出优质绿色的果品，阳光玫瑰葡萄病虫害防治采用绿色防控方法，即以促进葡萄果实安全生产、减少化学农药使用量为目标，采取生态控制、生物防治、物理防治等环境友好型措施来控制有害生物。

三、防治措施

（一）农业防治

农业防治主要是通过调整和改善阳光玫瑰葡萄生长环境，增强其对病、虫、草害的抵抗能力，或者创造不利于病原菌、害虫和杂草生长发育或传播的条件，达到控制、避免或减轻病、虫、草害的目的，具体方法为加强栽培管理、中耕除草、耕翻晒垡、清洁田园等（图6-1、图6-2）。

图6-1　揭老皮，减少树体上的越冬虫卵

图6-2　树皮下的虫卵

葡萄落叶后至萌芽前彻底清扫果园，清除枯枝、落叶、病果，集中深埋或远离烧毁，降低虫口、病源基数，为翌年防治打下良好的基础（图6-3、图6-4）。

图6-3　彻底清扫果园，降低虫口、病源基数

图6-4　清扫果园

（二）物理防治

利用病、虫对物理因素的反应规律进行病虫害防治。

1. 诱杀法

根据害虫的趋向性，利用黄蓝粘虫板、频振式杀虫灯、糖醋液等物理措施防控白粉虱、灰飞虱、梨木虱、潜叶蝇、实蝇、蚜虫、蓟马、蜡蚧、叶蝉等（图6-5～图6-8）。

图6-5　黄板

图6-6　蓝板

图6-7　杀虫灯

图6-8　诱捕器

2. 捕杀法

利用人工和机械捕杀害虫。

3. 高温杀菌

利用病虫卵对温度的不适应性减少病虫的种群数量，如用52～54摄氏度的温水浸泡葡萄苗木进行苗木消毒。

（三）生物防治

利用自然界中有益生物及其产品防治病虫害，具有对人畜安全、无药害、无环境污染等优点。通过利用生物物种间的相互关系，以一种或一类生物抑制另一种或另一类生物，从而降低杂草和害虫等有害生物的种群密度。生物防治分为以虫治虫、以鸟治虫和以菌治虫3大类。生产上常用的生物防治制剂有芽孢杆菌制剂绿地康3号（中国农业大学王琦教授团队研发）、木霉菌制剂、苏云金杆菌制剂等，还有利用捕食螨防治螨虫、瓢虫防治介壳虫、赤眼蜂防治叶蝉等方法。

（四）化学防治

通过喷洒化学药剂来防治病、虫、草害。按照病虫害防治关键时期用药，推广高效、低毒、低残留、环境友好型农药。使用农药过程中注意轮换使用、交替使用，防止病虫产生抗药性（表6-1、表6-2）。

表6-1 河南省阳光玫瑰葡萄病虫害规范化防控技术简表

物候期	防治对象	防治措施
萌芽前	黑痘病、炭疽病、短须螨、介壳虫等	在绒球期，温度达20摄氏度时，用3～5波美度石硫合剂全园喷施，包括枝条、水泥柱、钢丝等
2～3叶期	绿盲蝽和葡萄螨类	用4.5%高效氯氰菊酯水乳剂1000倍液或1.8%阿维菌素乳油3000倍液
花序分离期	灰霉病、黑痘病、炭疽病、霜霉病	用50%福美双可湿性粉剂600～800倍液或42%代森锰锌悬浮剂800倍液+21%保倍硼2000倍液
开花前	灰霉病、白腐病、黑痘病、穗轴褐枯病、蓟马、绿盲蝽等	一般使用50%保倍福美双可湿性粉剂1500倍液预防。若往年灰霉病发病重可添加40%嘧霉胺悬浮剂800倍液防治，若白腐病、黑痘病发病重，可添加37%苯醚甲环唑3000倍液防治。若蓟马、叶蝉、绿盲蝽发生，用30%敌百·啶虫脒500倍液防治
谢花后2～3天	灰霉病、黑痘病、穗轴褐枯病、蓟马、叶蝉等	若灰霉病发生，用40%嘧霉胺悬浮剂800倍液防治；若黑痘病发生，用37%苯醚甲环唑3000倍液防治；若穗轴褐枯病发生，用50%异菌脲可湿性粉剂1500倍液防治；若蓟马、叶蝉、绿盲蝽发生，用30%敌百·啶虫脒500倍液防治
谢花后	灰霉病、黑痘病、炭疽病、霜霉病	42%代森锰锌SC 800倍液+20%苯醚甲环唑2500倍液
套袋前	灰霉病、黑痘病、炭疽病	50%保倍3000倍液+20%苯醚甲环唑2000倍液+50%抑霉唑3000倍液
套袋后到成熟期	炭疽病、白腐病、霜霉病、酸腐病、介壳虫等	一般使用3次药。第一次使用50%保倍福美双可湿性粉剂1500倍液；第二次使用42%代森锰锌SC 800倍液+50%金科克3000倍液；第三次使用80%必备可溶性粉剂500倍液+杀虫剂
采收后到落叶前	霜霉病、褐斑病等	每隔15天喷布一次铜制剂的药，如80%必备可溶性粉剂500倍液或30%氧氯化铜800倍液，重点保护叶片； 霜霉病发生时，用50%金科克2500倍液防治；若褐斑病发生，用37%苯醚甲环唑3000倍液防治

表6-2　阳光玫瑰葡萄主要病虫害用药推荐

防治对象	农药通用名	含量	每亩制剂用法、用量	使用方法	关键时期	每季最多使用次数	安全间隔期/天
黑痘病	氟硅唑	每升乳油400克	8000～10000倍液	喷雾	发病前或发病初期	3	28
	噻菌灵	40%可湿性粉剂	1000～1500倍液	喷雾	发病前或发病初期	3	7
	代森锰锌	80%可湿性粉剂	500～800倍液	喷雾	发病前或发病初期	2	28
	啶氧菌酯	22.5%悬浮剂	1500～2000倍液	喷雾	发病前或发病初期	3	14
	烯唑醇	12.50%可湿性粉剂	2000～3000倍液	喷雾	发病初期	2	14
	喹啉·噻灵	53%可湿性粉剂	800～1200倍液	喷雾	发病初期	3	7
	氟菌·肟菌酯	43%悬浮剂	2000～4000倍液	喷雾	发病前或发病初期	2	14
	波尔·锰锌	78%可湿性粉剂	8000～10000倍液	喷雾	发病初期	3	28
灰霉病	木霉菌	每克可湿性粉剂2亿孢子	200～300克/亩	喷雾	发病前或发病初期	/	/
	哈茨木霉菌	每克水分散粒剂1.0亿CFU	300～500倍液	喷雾	发病前或发病初期	/	/
	苦参碱	0.30%水剂	600～800倍液	喷雾	发病前或发病初期	3	10
	井冈霉素A	24%水剂	1000～2000倍液	喷雾	发病初期	2	7
	咯菌腈	70%水分散粒剂	2500～4500倍液	喷雾	发病初期	3	14
	异菌脲	每升悬浮剂500克	750～1000倍液	喷雾	发病前或发病初期	3	14
	啶酰菌胺	50%水分散粒剂	500～1500倍液	喷雾	发病前或发病初期	3	7
	嘧霉胺	每升悬浮剂400克	1000～1500倍液	喷雾	发病前或发病初期	3	7

续表

防治对象	农药通用名	含量	每亩制剂用法、用量	使用方法	关键时期	每季最多使用次数	安全间隔期/天
灰霉病	唑醚·啶酰菌	38%水分散粒剂	1000～2000倍液	喷雾	发病前或发病初期	3	14
	嘧霉·咯菌腈	40%悬浮剂	1500～2500倍液	喷雾	发病初期	3	7
	嘧菌环胺·异菌脲	60%可湿性粉剂	1000～1250倍液	喷雾	发病初期	2	7
	啶酰·异菌脲	35%悬浮剂	800～1000倍液	喷雾	发病前或发病初期	3	14
	氟菌·肟菌酯	43%悬浮剂	2000～4000倍液	喷雾	发病前或发病初期	2	14
	氟吡菌酰胺·嘧霉胺	每升悬浮剂500克	1200～1500倍液	喷雾	病害发生前	2	14
霜霉病	哈茨木霉菌	每克可湿性粉剂3亿CFU	200～250倍液	喷雾	发病前或发病初期	/	/
	氨基寡糖素	2%可湿性粉剂	600～800倍液	喷雾	发病前或发病初期	3	10
	啶氧菌酯	22.5%悬浮剂	1200～1800倍液	喷雾	发病前或发病初期	3	14
	双炔酰菌胺	23.4%悬浮剂	1500～2000倍液	喷雾	发病初期或作物谢花后或雨天来临前	3	3
	波尔多液	86%水分散粒剂	400～450倍液	喷雾	发病前或发病初期	3	14
	氧化亚铜	86.2%可湿性粉剂	800～1200倍液	喷雾	发病初期	3	14
	王铜	30%悬浮剂	600～800倍液	喷雾	发病前或发病初期	3	21
	氰霜唑	每升悬浮剂100克	2000～2500倍液	喷雾	发病前或发病初期	3	7
	醚菌酯	30%悬浮剂	2200倍液～3200倍液	喷雾	发病初期	3	7
	喹啉铜	33.5%悬浮剂	750～1500倍液	喷雾	发病前或发病初期	3	14

续表

防治对象	农药通用名	含量	每亩制剂用法、用量	使用方法	关键时期	每季最多使用次数	安全间隔期/天
霜霉病	三乙膦酸铝	80%水分散粒剂	500倍液～800倍液	喷雾	发病初期	3	14
	苦参·蛇床素	1.5%水剂	800～1000倍液	喷雾	发病初期	/	/
	霜脲·氰霜唑	24%悬浮剂	2000～3000倍液	喷雾	发病前或发病初期	2	7
	寡糖·吡唑酯	27%水乳剂	2000～3000倍液	喷雾	发病前或发病初期	2	14
	三乙膦酸铝·霜脲氰	70%水分散粒剂	2000～3000倍液	喷雾	发病初期	2	14
	氰霜唑·肟菌酯	35%悬浮剂	4500～5500倍液	喷雾	发病前或发病初期	3	7
	氰霜唑·王铜	78%水分散粒剂	1200～1800倍液	喷雾	发病前或发病初期	4	7
	精甲霜·锰锌	68%水分散粒剂	100～120克/亩	喷雾	发病前或发病初期	3	7
	精甲·霜脲氰	38%水分散粒剂	3000～4000倍液	喷雾	发病初期	2	7
	唑醚·霜脲氰	45%水分散粒剂	3000～4000倍液	喷雾	发病初期	2	14
	唑醚·氰霜唑	30%悬浮剂	3000～4000倍液	喷雾	发病前或发病初期	2	14
	唑醚·精甲霜	30%水分散粒剂	2500～3000倍液	喷雾	发病前或发病初期	2	14
	唑醚·代森联	60%水分散粒剂	1000～2000倍液	喷雾	发病前或发病初期	3	7
白腐病	戊唑醇·抑霉唑	25%水乳剂	2000～2500倍液	喷雾	发病初期	3	14
	唑醚·甲硫灵	45%悬浮剂	1000～1500倍液	喷雾	发病初期	2	14
	唑醚·代森联	60%水分散粒剂	1000～2000倍液	喷雾	发病前或发病初期	3	7

续表

防治对象	农药通用名	含量	每亩制剂用法、用量	使用方法	关键时期	每季最多使用次数	安全间隔期/天
白腐病	肟菌·戊唑醇	75%水分散粒剂	5000～6000倍液	喷雾	发病前或发病初期	3	14
	克菌·戊唑醇	每升悬浮剂400克	1000～2000倍液	喷雾	发病前或发病初期	3	7
	甲硫·戊唑醇	41%悬浮剂	800～1000倍液	喷雾	发病前或发病初期	2	14
	氟菌·肟菌酯	43%悬浮剂	3000～4000倍液	喷雾	发病前或发病初期	2	14
	代森锰锌	80%可湿性粉剂	500～800倍液	喷雾	发病前或发病初期	3	28
	苯醚甲环唑	30%悬浮剂	4000～6000倍液	喷雾	发病前或发病初期	3	14
白粉病	石硫合剂	29%水剂	6～9倍液	喷雾	发病初期	2	15
	蛇床子素	1%可溶液剂	1000～2000倍液	喷雾	发病前或发病初期	/	/
	嘧啶核苷类抗菌素	2%水剂	133～400倍液	喷雾	发病前或发病初期	2	7
	肟菌酯	50%水分散粒剂	3000～4000倍液	喷雾	发病前或发病初期	2	14
	硫黄	80%水分散粒剂	500～750倍液	喷雾	发病前或发病初期	2	/
	氟菌唑	30%可湿性粉剂	15～18克/亩	喷雾	发病初期	3	7
	氟环唑	30%悬浮剂	1600～2300倍液	喷雾	发病初期	2	30
	甲基硫菌灵	36%悬浮剂	800～1000倍液	喷雾	发病初期	3	30
	多抗霉素	10%可湿性粉剂	800～1000倍液	喷雾	发病初期	3	7
	大黄素甲醚	2%水分散粒剂	1000～1500倍液	喷雾	发病前或发病初期	/	/

续表

防治对象	农药通用名	含量	每亩制剂用法、用量	使用方法	关键时期	每季最多使用次数	安全间隔期/天
白粉病	苯甲·肟菌酯	27%悬浮剂	1500～2500倍液	喷雾	发病前或发病初期	3	14
	苯甲·吡唑酯	40%悬浮剂	1500～2500倍液	喷雾	发病前或发病初期	3	28
	嘧环·啶酰菌	70%水分散粒剂	500～1000倍液	喷雾	发病前或发病初期	3	14
	唑醚·氟酰胺	42.4%悬浮剂	2500～5000倍液	喷雾	发病前或发病初期	3	7
	啶酰·肟菌酯	50%水分散粒剂	1000～1500倍液	喷雾	发病初期	2	21
炭疽病	苦参碱	0.3%水剂	500～800倍液	喷雾	发病初期	/	/
	几丁聚糖	0.5%水剂	100～300倍液	喷雾	发病初期	/	/
	腈菌唑	40%可湿性粉剂	4000～6000倍液	喷雾	发病初期	3	21
	抑霉唑	20%水乳剂	800～1200倍液	喷雾	发病前或发病初期	3	10
	多抗霉素B	16%可溶粒剂	2500～3000倍液	喷雾	发病前或发病初期	3	14
	苯醚甲环唑	10%水分散粒剂	800～1300倍液	喷雾	发病前或发病初期	3	21
	唑醚·氟环唑	17%悬浮剂	800～1200倍液	喷雾	发病前或发病初期	3	14
	克菌·戊唑醇	40%悬浮剂	1000～1500倍液	喷雾	发病初期	2	7
	苯甲·吡唑酯	30%悬浮剂	3000～4000倍液	喷雾	发病前或发病初期	2	21
葡萄穗轴褐枯病	醚菌·啶酰菌	每升悬浮剂300克	1000～2000倍液	喷雾	发病前或初期	3	7

续表

防治对象	农药通用名	含量	每亩制剂用法、用量	使用方法	关键时期	每季最多使用次数	安全间隔期/天
绿盲蝽	苦皮藤素	1%水乳剂	30～40毫升/亩	喷雾	低龄幼虫发生期	2	10
	氟啶虫胺腈	22%悬浮剂	1000～1500倍液	喷雾	低龄若虫期	2	14
蚜虫	苦参碱	1.5%可溶液剂	3000～4000倍液	喷雾	虫害发生前或发生初期	3	10
介壳虫	噻虫嗪	25%水分散粒剂	4000～5000倍液	喷雾	虫害发生初期	2	7
叶蝉	苦参碱	1.5%可溶液剂	1000～2000倍液	喷雾	虫害发生前或发生初期	3	10
	噻虫嗪	25%水分散粒剂	4000～5000倍液	喷雾	发病初期	2	7
	氟啶虫胺腈	22%悬浮剂	1000～1500倍液	喷雾	低龄若虫期	2	14
蓟马	苦参碱	1.5%可溶液剂	1000～2000倍液	喷雾	虫害发生前或发生初期	3	10
	噻虫嗪	25%水分散粒剂	4000～5000倍液	喷雾	虫害发生初期	2	7
螨类	苦参碱	1.5%可溶液剂	1000～2000倍液	喷雾	虫害发生前或发生初期	3	10
透翅蛾	灭幼脲	25%悬浮剂	2000倍液	喷雾	虫害发生前	2	10

注：表中“/”表示该农药可按需使用，无特别要求。

主要参考文献

[1] 尚泓泉，娄玉穗，王鹏，等. 葡萄周年管理技术图谱［M］. 郑州：河南科学技术出版社，2021.

[2] 王海波，刘凤之，王孝娣，等. 中国设施葡萄栽培理论与实践［M］. 北京：中国农业科学技术出版社，2020.

[3] 娄玉穗，尚泓泉，王鹏，等. 优质阳光玫瑰葡萄高效生产技术［M］. 郑州：中原农民出版社，2021.

[4] 王忠跃. 中国葡萄病虫害与综合防控技术［M］. 北京：中国农业出版社，2009.

[5] 李民，刘崇怀，申公安，等. 葡萄病虫害识别与防治图谱［M］. 郑州：中原农民出版社，2019.

[6] 王忠跃，王世平，刘永强，等. 葡萄健康栽培与病虫害防控［M］. 北京：中国农业科学技术出版社，2017.

[7] 王海波，刘凤之，等. 鲜食葡萄标准化高效生产技术大全（彩图版）［M］. 北京：中国农业出版社，2017.

[8] 杨治元，陈哲，王其松. 彩图版阳光玫瑰葡萄栽培技术［M］. 北京：中国农业科学技术出版社，2018.

[9] 蒯传化，刘崇怀，等. 当代葡萄［M］. 郑州：中原农民出版社，2016.

[10] 赵胜建，等. 葡萄精细管理十二个月［M］. 北京：中国农业出版社，2011.